青少年科学探索第一读物

全彩版

蓝 藻◎编

长着眼睛的导弹

ZHANGZHE YANJING DE DAODAN

探索未知
发现未来

甘肃科学技术出版社

图书在版编目（CIP）数据

长着眼睛的导弹 / 蓝藻编 . —兰州 : 甘肃科学技术出版社，2013.4

（青少年科学探索第一读物）

ISBN 978-7-5424-1758-9

Ⅰ . ①长… Ⅱ . ①蓝… Ⅲ . ①导弹—青年读物②导弹—少年读物Ⅳ . ① E927-49

中国版本图书馆 CIP 数据核字 (2013) 第 067323 号

责任编辑 陈学祥（0931-8773274）
封面设计 晴晨工作室
出版发行 甘肃科学技术出版社（兰州市读者大道 568 号　0931-8773237）
印　　刷 北京中振源印务有限公司
开　　本 700mm × 1000mm　1/16
印　　张 10
字　　数 153 千
版　　次 2014 年 10 月第 1 版　2014 年 10 月第 2 次印刷
印　　数 1 ~ 3000
书　　号 ISBN 978-7-5424-1758-9
定　　价 29.80 元

前 言

科学技术是人类文明的标志。每个时代都有自己的新科技,从火药的发明,到指南针的传播,从古代火药兵器的出现,到现代武器在战场上的大展神威,科技的发展使得人类社会飞速的向前发展。虽然随着时光流逝,过去的一些新科技已经略显陈旧,甚至在当代人看来,这些新科技已经变得很落伍,但是,它们在那个时代所做出的贡献也是不可磨灭的。

从古至今,人类社会发展和进步,一直都是伴随着科学技术的进步而向前发展的。现代科技的飞速发展,更是为社会生产力发展和人类的文明开辟了更加广阔的空间,科技的进步有力地推动了经济和社会的发展。事实证明,新科技的出现及其产业化发展已经成为当代社会发展的主要动力。阅读一些科普知识,可以拓宽视野、启迪心智、树立志向,对青少年健康成长起到积极向上的引导作用。青少年时期是最具可塑性的时期,让青少年朋友们在这一时期了解一些成长中必备的科学知识和原理是十分必要的,这关乎他们今后的健康成长。

科技无处不在,它渗透在生活中的每个领域,从衣食住行,到军事航天。现代科学技术的进步和普及,为人类提供了像广播、电视、电影、录像、网络等传播思想文化的新手段,使精神文明建设有了新的载体。同时,它对于丰富人们的精神生活,更新人们的思想观念,破除迷信等具有重要意义。

现代的新科技作为沟通现实与未来的使者,帮助人们不断拓展发展的空间,让人们走向更具活力的新世界。本丛书旨在:让青少年学生在成长中学科学、懂科学、用科学,激发青少年的求知欲,破解在成长中遇到的种种难题,让青少年尽早接触到一些必需的自然科学知识、经济知识、心理学知识等诸多方面。为他们提供人生导航、科学指点等，让他们在轻松阅读中叩开绚烂人生的大门，对于培养青少年的探索钻研精神必将有很大的帮助。

科技不仅为人类创造了巨大的物质财富，更为人类创造了丰厚的精神财富。科技的发展及其创造力，一定还能为人类文明做出更大的贡献。本书针对人类生活、社会发展、文明传承等各个方面有重要影响的科普知识进行了详细的介绍，读者可以通过本书对它们进行简单了解，并通过这些了解，进一步体会到人类不竭而伟大的智慧，并能让自己开启一扇创新和探索的大门，让自己的人生站得更高、走得更远。

本书融技术性、知识性和趣味性于一体，在对科学知识详细介绍的同时，我们还加入了有关它们的发展历程，希望通过对这些趣味知识的了解可以激发读者的学习兴趣和探索精神，从而也能让读者在全面、系统、及时、准确地了解世界的现状及未来发展的同时，让读者爱上科学。

为了使读者能有一个更直观、清晰的阅读体验，本书精选了大量的精美图片作为文字的补充，让读者能够得到一个愉快的阅读体验。本丛书是为广大科学爱好者精心打造的一份厚礼，也是为青少年提供的一套精美的新时代科普拓展读物，是青少年不可多得的一座科普知识馆！

目录 contents

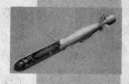
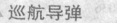

目录

CONTENTS

第三章　防空导弹

第四章 **反舰导弹**

Part 1
巡 航 导 弹

　　巡航导弹是指依靠喷气发动机的推力和弹翼的气动升力，主要以巡航状态在稠密大气层内飞行的导弹，旧称飞航式导弹。巡航状态即导弹在火箭助推器加速后，主发动机的推力与阻力平衡，弹翼的升力与重力平衡，以近于恒速、等高度飞行的状态。在这种状态下，单位航程的耗油量最少。其飞行弹道通常由起飞爬升段、巡航(水平飞行)段和俯冲段组成。从陆地、水面或水下发射的巡航导弹，由助推器推动导弹起飞，随后助推器脱落，主发动机(巡航发动机)启动，以巡航速度进行水平飞行；当接近目标区域时，由制导系统导引导弹，俯冲攻击目标。从空中发射的巡航导弹，投放后下滑一定时间，发动机启动，开始自控飞行，然后攻击目标。

德国 V-1 导弹

　　巡航导弹是指依靠空气喷气发动机的推力和弹翼的气动升力，并以巡航状态在大气层内飞行的导弹，又叫飞航式导弹。在第二次世界大战后即做准备工作，并于 1942 年 10 月 13 日下午成功地进行了导弹原理试验。

图 1

　　1944 年，世界上最早的巡航导弹——V-1 导弹（图 1）研制成功，被命名为 FAG-78，因其外形像一架无人驾驶飞机，也有人称它为飞机型飞弹。该导弹是世界上最早的战术巡航导弹，也是现代巡航导弹的雏形。V-1 导弹弹长 7.6 米，弹重 2.2 吨，最大直径 0.82 米，翼展 5.5 米。战斗部装炸药 700 千克；诱导系统是由弹内磁性罗盘和一种特制的机械装置组成；弹内动力系统是由 1 台"百眼巨人"A5-014 脉冲式喷气发动机来完成。

　　该导弹在发射时，先用弹射器或飞机空中发射，然后用自主式磁陀螺飞行控制系统导向预定高度，以必要的速度在规定的高度和航向上水平飞行，而后向目标俯冲攻击。V-1 导弹的最大飞行速度为 740 千米 / 小时，射程 370 千米，飞行高度为 2000 米。从 1944 年 6 月 13 日起，德国开始使用该导弹袭击英国，先后共发射了 1 万多枚 V-1 导弹，其中有 50％被英国飞机和高炮等武器拦截，真正落在英国境内的只有32％。这也是世界上最先用于实战的导弹，以后的巡航导弹都是在它的基础上发展起来的。

美国"鲨蛇"巡航导弹

这是世界上第一种陆基洲际战略巡航导弹，代号为SM-62A（图2），用来配合远程战略轰炸机完成战略核轰炸任务。1946年开始研制，1956年进行飞行试验。20世纪50年代末，美国只装备了一个中队。因该导弹难以完成预定任务，已于20世纪60年代中期退役。

图2

该导弹弹长22.57米，弹径1.38米，翼展12.9米。战斗部采用W39核战斗部，当量为百万吨，发射质量22.6吨。最大射程8000千米，最大巡航速度为马赫数0.93，巡航高度为18～22.5千米，动力装置包括一台主发动机和两个助推器。主发动机为J57-P-17型涡轮喷气发动机，长6.6米，重22.7吨，压缩比为12.5：1，空气流量为86千克/秒，巡航推力为47.1千牛。助推器为美国航空喷气通用公司生产的固体火箭助推器，每台推力为147.1千牛，工作时间为9秒。

"鲨蛇"巡航导弹的制导与控制系统由惯性制导系统和天体辅助导航系统组成。其中天体导航系统是为了消除陀螺长时间的积累误差而设置的。

长着眼睛的导弹

美国"斯拉姆"AGM-84E 巡航导弹

　　"斯拉姆"（图3）AGM-84E 巡航导弹是由美国麦道公司负责研制的近程攻击导弹。在 1991 年的海湾战争中，美国海军投放了 7 枚"斯拉姆"AGM-84E 导弹，全部命中目标，一举成为世界上命中率最高的巡航导弹。

　　1989 年 6 月 24 日，"斯拉姆"AGM-84E 空地导弹首次在太平洋导弹试验中心靶场试验，1990 年开始服役。该导弹除用于攻击海上目标、近海石油平台等目标外，还可攻击陆上大型固定目标。"斯拉姆"AGM-84E 空地导弹除主要装备海军 A-6E 攻击机、F/A-18"大黄蜂"战斗攻击机外，还可装备在美国海军 B-52 战略轰炸机上，使 B-52 轰炸机可执行远程海上巡逻攻击任务。

　　该导弹弹长 4.5 米，弹径 0.343 米，翼展 0.91 米，发射质量 628 千克，

图3

战斗部为 220 千克穿甲爆破型，使用近炸引信、触发延时引信。采用单轴涡轮喷气发动机，飞行速度 600 千米/小时，最大射程 100 千米。该导弹是"鱼叉"AGM-84A 空舰导弹的衍生型。

　　"斯拉姆"AGM-84E 导弹与"鱼叉"导弹（图4）相比，突出的特点是攻击精度大大提高，因为这种导弹有两个与众不同之处：一是导弹发射后，中间飞行段为惯性导航，并由全球定位系统（GPS）提供制导，其定位精度达 10 米左右。在海湾战争中，

GPS 系统首先被用在"斯拉姆"AGM-84E 导弹的制导上，而当时"战斧"式巡航导弹还没有使用 GPS 系统。二是导弹飞行的末段采用红外成像制导，目标坐标和数据在攻击前临时输入导弹计算机内，到末段导弹成像系统与机载预先储存数据核准，以便对目标进行判断、识别和选择，从而使该导弹命中精度达到 1 米左右。

图 5

导弹在发射时，飞机在瞄准线 90° 范围内发射，如在 1500 米以上高度发射时，导弹脱离飞机挂架后下降到一定的高度，发动机点火工作，推动导弹飞向目标；如在 1500 米以下高度发射，导弹则在飞机挂架上直接点火发射。导弹发射后可在 61 米高度巡航飞行，此时，导弹的自动驾驶仪、高度表、惯性导航系统立即开始工作，并由全球定位系统提供的准确校正信息，使导弹沿正确的航线飞向目标，使导弹的精度可达到 10 米以内。当导弹距目标约 15 千米时，目标已处在红外成像导引头的探测方位之内，此时红外导引头便自动启动，摄取目标的图像，并把目标实时图像通过数据传输装置传给制导"斯拉姆"导弹的载机。当载机上的监视器显示出目标图像时，与机载计算机预先储存的目标图像进行核准，并把信息再传给红外导引头。导引头接到指令后立即"锁定"目标的要害部位。到飞行的末段，导弹突然跃升而后俯冲攻击目标。"斯拉姆"导弹的单发命中率高达 95% 以上。

后来，"斯拉姆"（图 5）导弹研制出多种型号。一种是 AGM-84H（SLAM-ER）空射增程型，这种导弹是在"斯拉姆"E 基本型的基础上的改进型。增程型导弹弹长 4.36 米，弹径 0.343 米，翼展 0.91 米。导弹头部呈"V"字形，可提高导弹的隐身性能。发射质量比原型要重达 725 千克，

长着眼睛的导弹

图 5

射程也有所提高。其 GPS 接收机由单通道改为 6 通道，增强了抗干扰的能力；改进了导弹的软件，加装了图像冻结装置，从而使人工参与目标锁定平均时间从原型的 15 秒缩短到 3 秒；采用了新的任务规划系统，使导弹的任务规划从原来的 2～3 小时缩短到 29～60 分钟。

另一种是 AGM-84H（SLAM-ER）空射远程"斯拉姆"（SLAM-G）（图6）导弹，其弹长增大到 5.31 米，收放式翼展展开为 2.43 米，发射质量达 1100 千克，可攻击坚固的水泥设施。射程又有很大的增加：低空为 180 千米，高空增大到 300 千米。飞行速度仍为亚声速，主要用于大纵深防区外攻击。

第三种是 AGM-84H 海射"斯拉姆"型（SLAM-ER）导弹，它主要是为海军"武库舰"发展计划中重点研究的一种新型水面浮动发射基地而研制的。该海射增强型导弹弹长 5.283 米，弹径 0.344 米，翼展 2.42 米，发射质量 1100 千克，动力装置为涡轮喷气发动机加助推器。采用多种爆破战斗部，

图 6

使其执行任务的范围更广。其最大射程为 500 千米，巡航高度小于 60 米。巡航速度为马赫数 0.7～0.8。该导弹由舰载垂直发射系统发射，导弹升空后，逐渐进入低空巡航弹道，中段采用惯性导航加上全球定位系统制导，使导弹的制导精度达 13～16 米；进入末段则采用红外成像导引加数据相关传输系统，命中精度高达 3 米。

美国"战斧"导弹

这是美国研制的多用途先进的巡航导弹，也是目前世界上最早采用惯性导航、地形匹配和数字式景象匹配区域相关的复合制导导弹，至今已发展了 10 多种不同型号。1976 年开始研制，1982 年装备海军，1983 年装备陆军。这种导弹主要用于攻击陆上严密设防的高价值目标或海上水面舰艇和航空母舰编队。

"战斧"巡航导弹（图 7）是一种性能很先进的导弹，它采用了许多高新技术。例如，在制导系统中率先采用了地形匹配技术，即在飞行中段采用地形——等高线匹配制导，由雷达高度表在沿航路预定部位产生地形轮廓，将这些地形轮廓与制导计算机

图 7

中的基准面进行对比，以确定是否需要进行飞行校正。通过几次修正，就可提高导弹的飞行精度。在末段寻的制导阶段，由数字式景象匹配系统产生自然地貌与人造地貌的数字式景象，并将其与计算机内存的景象进行对比。正是由于这种地形匹配制导的精度高，所以"战斧"巡航导弹能"按图索骥"击中千里之外的目标。

"战斧"导弹可以从陆上、海上及空中发射（图 8），有战略型和战术型两种，即对陆攻击型和对舰攻击型，既

图 8

长
着
眼
睛
的
导
弹

可携带常规弹头，又可携带核弹头。

对舰攻击型导弹的外形尺寸与对陆攻击型"战斧"的外形尺寸基本相同。该导弹带助推器长为 6.24 米，不带助推器为 5.56 米，翼展 2.65 米。发射质量 1500 千克。采用涡轮风扇发动机和一个固体火箭助推器。巡航速度为马赫数 0.75 ~ 0.85，巡航高度中段为 15 ~ 60 米，末段为 5 ~ 10 米。携带高爆穿甲战斗部或常规子母战斗部，总重为 454 千克，最大射程为 1300 千米，海上巡航飞行高度 7 ~ 15 米，最大巡航速度为马赫数 0.72，命中精度仅为 30 米。

对陆攻击型战斗部质量为 122.5 千克，携带核弹头的威力大约为 20 万吨 TNT 当量。最大射程为 2500 米，陆上飞行高度 50 ~ 510 米，巡航速度为马赫数 0.720。导弹全长 6.17 米，机载型约 5.6 米，弹径 0.527 米。

在海湾战争和科索沃战争中，美国使用的"战斧"导弹（图 9）主要是对陆攻击型巡航导弹。该导弹炸毁了伊拉克的国防部大楼。美国向伊拉克总共发射了数百枚"战斧"导弹，摧毁了大批坚固的点目标和一些面目标，为打败伊军起到了关键性作用，"战斧"巡航导弹也因此名声大噪，从而也促使美国放弃了要用新的巡航导弹发展计划替代"战斧"导弹的设想。为进一步增大新一代导弹的攻击能力和突防能力，美军正在实施下一步改进计划，即将 500 枚反舰"战斧"导弹改进为具有更高电子对抗能力、掠海飞行能力、末段突防和目标杀伤能力的新型巡航导弹，而且具备对目标实施多次袭击的能力。

图 9

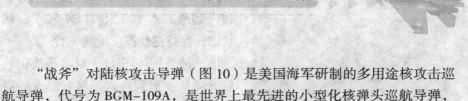

美国 "战斧" 对陆核攻击导弹

　　"战斧" 对陆核攻击导弹（图10）是美国海军研制的多用途核攻击巡航导弹，代号为 BGM-109A，是世界上最先进的小型化核弹头巡航导弹，主要用来装备攻击型核潜艇，以执行全球性战区核攻击任务，并且作为一种后备力量在核战争后期攻击敌方的重要目标。

　　对于潜射核导弹，为了保证核潜艇工作人员的安全，选择核弹头有其特殊的要求。因此，"战斧" 对陆核攻击导弹的核战斗部成为当今世界最先进的小型化的核弹头之一。这种核攻击导弹于1972年开始研制，1976年首次试飞，1982年初具作战能力。

　　该导弹弹长 6.17 米，弹径 0.527 米，翼展 2.65 米，发射质量 1.443 吨，最大有效射程为 2500 千米，命中精度为 30 米，可靠性大于 80%。巡航高度为 7.6～52 米，最大巡航速度为马赫数 0.72。主发动机为一台 F107-WR-400 型涡扇发动机，重 65.3 千克，最大推力 2.67 千牛，巡航推力 1.333 千牛；助推器为固体火箭，重 297 千克，推力 31 千牛，工作时间 11～13 秒。

　　该导弹制导系统采用麦道公司研制的以地形匹配修正的惯性导航系统，控制系统采用全数字化自动驾驶仪和 AN-194 型雷达高度表。由于利用地形匹配技术，能使导航位置误差下降为千分之几。当惯性导航系统的累计误差达 120 米时，便进行位置修正。战斗部全重 122.5 千克，内装 TNT 当量可调的 20 万吨级的 W80-0 型核弹头。导弹的发射指挥系统为 MK17 火控系统，采用在潜艇上水平发射的方式。MK17 系统在 20 分钟内完成导

图10

弹发射前检查和制导设备的校准，并将射击诸元输入导弹上计算机，导弹便自动完成发射前的准备工作。

当导弹从保护箱中水平推出后，助推器点火，导弹从水平飞行转入爬升，4～6秒后以50°的倾角冲出水面。助推器工作12秒后，燃料耗尽并与弹体分离，启动主发动机，开始控制导弹的飞行姿态和高度。当导弹

图 11

爬升到最高点300米时，便转入巡航状态，保持巡航高度继续飞行。

"战斧"（图11）对陆核攻击巡航导弹从发射到转入巡航状态大约需要60秒。进入陆地后，先用地形匹配系统作一次航向修正，以后每隔一段时间便修正一次。接近目标时，用高精度数字地图进行最后的修正，以确保导弹的命中精度。

早期的巡航导弹与短程空对地导弹是可以相互取代的，因此B52G型或H型轰炸机可以在内部发射舱装上8枚并在外部搭挂12枚。这种需求影响了它的弹身造型，从而成为三角形便有了可收缩的平衡翼、尾翼及引擎空气输入口。到了1976年决定将系统修改成接近AGM-109战斧（Tomahawk）空对地导弹的模样，但是关于导引系统部分则并不相同。1976年5月5日AGM-86A型巡航导弹在白沙导弹测试场（White Sands Missile Range）第一次试飞，结果最初五次试飞并不太顺利。因而决定予以改良，在1980年决定增长30%的弹身且增加燃料量，并命名为AGM-86B型巡航导弹。这一型导弹在相同的弹头下增加了2倍射程，而其测试亦相当成功。最后的结果：军方在1980年订购了3418枚，稍后并增为3780枚。两种新的导弹现正在开发中：先进巡航导弹（Advanced Cruise Missile）与第二代短程攻击导弹（Short-Range Attack Missile，SRAM）。这两型导弹都会比它们的前任来得好，特别是先进巡航导弹将结合匿踪的科技。

巡航导弹部署在B-52G型、B-52H型与B-1轰炸机上（图12）。

图 12

Part 2
弹 道 导 弹

弹道导弹（ballistic missile）是一种导弹，通常没有翼，在烧完燃料后只能保持预定的航向，不可改变，其后的航向由弹道学法则支配。为了覆盖广大的距离。弹道导弹必需发射很高，进入空中或太空，进行亚轨道宇宙飞行。对于洲际导弹，中途高度大约为1200千米。

德国 V-2 导弹

1939～1942 年，在著名火箭专家冯·布劳恩的领导下，德国开始研制世界上第一枚地地弹道导弹——V-2 导弹（图 13）。1942 年 10 月 3 日试验发射成功；1943 年装备部队；1944 年 9 月 6 日德军进行第一次实弹发射，9 月 8 日德军又用此导弹袭击了英国首都伦敦。它是世界上首先用于实战的弹道导弹，但由于当时技术上还不成熟，导致约有 40%的导弹偏离了轨道。因此，这次爆炸仅炸死 2 人，炸伤数人。

V-2 导弹弹长 14 米，弹径 1.6 米，弹重 14 000 千克，战斗部装炸药750 千克，结构质量约 4000 千克，采用液体燃料火箭发动机，惯性制导，推进剂为 75%的酒精 3500 千克和液氧 5000 千克，最大推力为 270 千牛，最大速度相当于声速的 5 倍。起飞质量约 13 000 千克，最大飞行速度

图 13

6120 千米 / 小时，射程 240 ～ 370 千米，弹道高 80 ～ 100 千米，发射质量 12 900 千克。这种导弹比 V-1 导弹先进，是弹道主动段为自主控制的单级弹道导弹。可以这样说，它是现代远程导弹和宇宙火箭的先驱，也是弹道导弹的鼻祖。

自德国 1944 年研制成功弹道式导弹以来，至今已发展到了第四代。第一代是 20 世纪 40 年代中期至 50 年代末，这一代导弹多采用液体火箭发动机，单弹头，发射准备时间长，命中精度低。第二代是 20 世纪 50 年代末至 60 年代初，多采用固体推动剂，其命中精度有所提高。第三代是 20 世纪 60 年代中期至 70 年代初，其主要特点是

采用多弹头。第四代是 20 世纪 70 年代初至 80 年代，此代导弹可机动存放、机动发射，命中精度高，威力大。目前，第五代洲际导弹也正在研制过程中，这一代导弹将向着智能化方向发展，其机动性将更大，命中精度和威力也将大大提高。

美国"大力神"Ⅱ型弹道导弹

这种导弹的最大飞行速度为 27 360 千米／时（7600 米／秒），是世界上速度非常快的导弹。

美国的"大力神"（图 14）Ⅱ型地地洲际弹道导弹代号 SN-68C，属于美国第二代战略导弹，主要用于攻击地面战略目标，如大型硬目标、核武器库等。该导弹是针对美国第一代液体导弹的缺点而在"大力神"Ⅰ型导弹的基础上发展起来的。美国战略空军司令部原先装备了"宇宙神"和"大力神"两种大型液体火箭发动机的洲际弹道导弹。它们由马丁公司于 1960 年 6 月开始研制，"大力神"Ⅰ型 1962 年装备部队。改进后的"大力神"Ⅱ型于 1963 年底开始装备部队。这种导弹是美国核武器库中保存最久的一种液体火箭战略导弹，也是美国第一代最大的远程导弹。它能在地下井中贮存和发射，能装一种美国核当量最大的氢弹战斗部。虽然"民兵"导弹装备部队后，美国空军原打算撤消全部液体燃料洲际导弹，不过最后美国空军还是决定保留 6 个"大力神"Ⅱ型导弹小队，总共 54 枚导弹，它们于 1987 年全部退役。

"大力神"（图 15）Ⅱ型导弹设

图 14

图 15

置在美国亚利桑纳州戴维斯·蒙赞空军基地、堪萨斯州麦康内尔空军基地和阿肯色州小石城空军基地。导弹全长 33.52 米，弹径 3.05 米，起飞质量 149.7 吨，起飞推力 1912 千牛，射程 11 700 千米，命中精度（CEP）0.93 千米，反应时间 60 秒，发射成功率 85.7%。

这种导弹的动力装置由两级发动机组成，使用液体推进剂。一级发动机采用两台 LR87-AJ-5 型发动机，额定推力为 1912 千牛，工作时间 165 秒。二级发动机采用 LR91-AJ-5 型发动机，高空推力为 445 千牛，工作时间 210 秒。二级发动的关机由制导系统控制。该导弹采用全惯性制导系统，主要设备有液浮陀螺、摆式加速度表和外撑式数字计算机，整个制导系统总重 130 千克。该导弹采用 MK6、MK6A 单弹头，这是美国 20 世纪 60 年代初研制的烧蚀式弹头，重 3.5 吨，采用高强度铝合金的圆柱形等直径弹体。战斗部为钝锥形，无弹翼和尾翼。

制导与控制装置采用 AC 电子公司的惯性制性系统。第一级由两个摆动喷管控制，第二级由一个摆动喷管控制。热核战斗部质量为 3500 千克，装有 1000 万吨级 TNT 当量的核弹头，弹头上有突防舱。

"大力神"Ⅱ型洲际弹道导弹采用直接从地下井发射的方式，井深 44.5 米，井直径 16.7 米。导弹发射后弹上的制导系统立即开始工作，并根据惯性测量装置得到的信息，便制导计算机不断发出指令，导弹通过姿态控制按预定弹道飞行，在主动段终点关机并控制导弹头体分离，此后弹头按被动段弹道飞行。每枚导弹携带的载入飞行器在它已燃烧完毕的第二级分离前，其飞行速度和轨迹由 4 台小的游动火箭发动机来修正。由于它装有先进的突防辅助设备，从而使敌方反弹道导弹发现和摧毁它都非常困难。

第二章 弹道导弹

俄罗斯 "撒旦" SS–18 导弹

俄罗斯第四代战略弹道导弹 "撒旦" SS–18（图16）的弹径为3.355米，是目前世界上导弹中弹径很粗的导弹。该导弹弹体长36.6米，起飞质量为220吨，采用两级可贮存液体火箭发动机和惯性制导系统，其最大标准射程15 000千米，命中精度440米，可携带8～10个分导式多弹头，单个弹头威力约为50吨TNT当量，因而它又是世界上最大型和威力最大的洲际导弹。

该导弹由地下井冷发射。弹体在出厂时呈水平状态装入发射筒，运至阵地时先装入地下井，弹头和末助推舱由专用运输车运到阵地，然后在地下井中与弹体对接。根据美俄《第二阶段削减战略武器条约》的限制，这种导弹在条约生效以后应予销毁。

图16

俄罗斯 "警棍" SS–6 导弹

这是世界上最早的一种陆基洲际弹道导弹，又称为 "警棍"（图17）导弹，苏联代号为P–7。1954年开始研制，1957年首次试飞成功，

1959 年开始服役。

这种导弹的命中精度低，可靠性差，反应时间长，弹体大而笨重，生存能力差，当时仅装备了 10 枚，后来于 20 世纪 60 年代初期退役。但该导弹却为苏联发展运载火箭打下了基础。1957 年 10 月 4 日，世界第一颗人造地球卫星就是用它来发射的。若把它增大一极或两级就可组成"东方"、"联盟"和"闪电"运载火箭，可用来发射各种航天器。

图 17

该导弹弹长 30 米，弹径 8.5 米，翼展 10.3 米，起飞质量 300 吨，起飞推力 4030 千牛，射程为 8000 千米，命中精度（CEP）为 6 千米。导弹的动力装置由中央的芯级和周围四个助推器组成。芯级直径 2.95 米，助推器长 19 米，底部直径 3 米。主发动机为一台 PⅡ-108 液体火箭发动机和四台游动发动机，主机工作时间 274 秒，真空推力 930 千牛。每个助推器有一台 PⅡ-107 液体火箭发动机和两台游动发动机，地面推力达 820 千牛，工作时间为 120 秒。

图 18

"警棍" SS-6（图 18）属于单弹头导弹，重 3 吨，核当量 500 万吨。采用无线电制导，发射方式为地面发射。

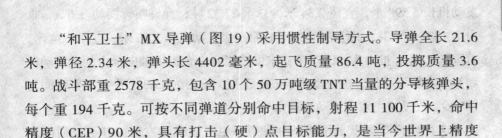

美国 "和平卫士" MX 导弹

"和平卫士" MX 导弹（图 19）采用惯性制导方式。导弹全长 21.6 米，弹径 2.34 米，弹头长 4402 毫米，起飞质量 86.4 吨，投掷质量 3.6 吨。战斗部重 2578 千克，包含 10 个 50 万吨级 TNT 当量的分导核弹头，每个重 194 千克。可按不同弹道分别命中目标，射程 11 100 千米，命中精度（CEP）90 米，具有打击（硬）点目标能力，是当今世界上精度最高的一种洲际导弹。

它是美国的第四代洲际弹道导弹，装有大型固体火箭发动机，代号 MGM–118A。1983 年正式定名为 "和平卫士"，是一种起战略威慑作用的新型战略武器，1986 年装备部队。同年底，第一批 10 枚导弹服役。1987 年 7 月有 14 枚导弹进入战斗准备状态。1987 年底，在加固的 "民兵" Ⅲ 导弹地下井中部署了 28 枚，1987 年 9 月，美国空军与波音公司签订合同，要求该公司设计铁路部署方案，空军期望导弹铁路发射系统在 1991 年底初具作战能力，1993 年 50 枚导弹全部部署完毕。

由于对 MX 导弹的发展，特别是关于它的部署方式争议较大，该方案经过反复修改变动，因而其研制时间最长。从 1971 年提出研制任务到 1983 年 6 月 17 日首次飞行试验成功，前后共用了 12 年多的时间。计划总投资达

图 19

332 亿美元，每枚导弹售价 6637 万美元。在美俄第二次《削减战略武器谅解协议》中仍是美国继续保留下来的陆基战略导弹。

其动力装置为四级火箭发动机，第一至第三级为固体火箭发动机。机壳体均采用凯夫拉 49 纤维缠绕。第四级为液体火箭末助推级发动机。第一级发动机长 8.44 米，直径 2.34 米，总重 48.3 吨，推进剂重 33.611 吨，真空推力为 2213 千牛，喷管为潜入摆动弹喷管，工作时间 60 秒；第二级发动机长 5.598 米，直径 2.34 米，总重 27.32 吨，允许喷管摆动 ±6°，推力为 1332.8 千牛，工作时间 55 秒；第三级发动机长 2.33 米，直径 2.34 米，总重 7.85 吨，推力为 343 千牛；末助推级有一台提供轴向推力的主发动机和 8 个姿控发动机，主发动机重 645 千克，推力为 13.3 千牛，工作时间为 175 秒。发动机可双向摆动，摆角 ±15°。

这种导弹既可以采用地下井发射，也可以机动发射。井下发射时，用蒸汽发生器把导弹从井内弹射出来，到达 30 米高度时发动机才点火。1985 年 8 月 23 日，在美国范登堡空军基地的"民兵"导弹地下井内进行了首次发射试验（图 20），并获得成功。

图 20

美国 "三叉戟" Ⅱ导弹

　　"三叉戟"Ⅱ导弹（图21）是由美国洛克希德导弹与空间公司合作研制生产的第三代潜地弹道导弹。它由潜艇发射，最大射程 11 100 千米。

　　美国海军从 1971 年起执行水下远程导弹研制计划，最初研制的"三叉戟"Ⅰ导弹于 1979 年 10 月装备部队。1984 年开始研制性能更好的"三叉戟"Ⅱ导弹，1987 年 1 月在陆基平台上进行了首次飞行试验，到同年 10 月共进行 5 次飞行试验，均获得成功。1990 年 3 月开始装备部署。到 1994 年底，美国海军已有 7 艘核潜艇装备了"三叉戟"Ⅱ导弹，共配备 168 枚导弹。到 20 世纪末，美国海军至少装备 20 艘"俄亥俄"级导弹核潜艇，每艘装 24 枚导弹。

　　导弹全长 13.9 米，弹径 2.08 米，最大起飞质量 37.2 吨，投掷质量为 2300 千克。它具备攻击包括硬点目标在内的各种目标的能力，是用来摧毁敌方重要战略目标的海基威慑力量。每枚导弹可装 8 ~ 12 个 MK4／W76 子弹头，单个子弹头威力约为 47.5 万吨 TNT 当量，能摧毁苏联最硬的地下发射井。

　　该导弹动力装置为三级固体火箭发动机和一个末级助推控制系统。第一、二级在"三叉戟"Ⅰ的基础上有较大的改进：第一级壳体材料改用石墨／环氧棚旨，助推剂改为聚乙二醇／

图21

硝化甘油；第二级发动机采用可延伸的碳／碳喷管出口锥，动力装置还包括一台第三级分离发动机。而第三级没有改动，仍沿用"三叉戟"Ⅰ导弹的第三级发动机。

制导与控制系统采用惯性制导，命中精度相当高，CEP 为 90 米。它的惯性制导测量装置采用 2 个双轴动力调谐绕性陀螺、3 个摆式积分陀螺加速表和 1 个新设计的星光监控器。

英国在 20 世纪 60 年代就同美国签订过有关协议，约定由美国向英国提供部分核潜艇和导弹。因此，英国也有"三叉戟"Ⅱ导弹，但其核弹头是英国自行研制的。根据美俄《第二阶段削减战略核武器条约》的规定，在条约生效后，"三叉戟"Ⅱ导弹所携带的子弹头数将由 8 ～ 12 枚减少到 4 个。

俄罗斯"飞毛腿"B 战术弹道导弹

弹道导弹是当今世界上最受人们关注的武器之一。在目前世界各国装备的 50 多种不同类型的弹道导弹中，名声最大的恐怕要数俄罗斯的"飞毛腿"导弹了。这是因为"飞毛腿"导弹（图 22）在导弹家庭中资历最老，而且也是当前世界上最普及的战术弹道导弹。在已装备弹道导弹的 35 个

图 22

国家中，有 21 个国家装备了"飞毛腿"导弹，可见它普及之广了。

"飞毛腿"导弹是在第二次世界大战结束后不久，由苏联的科罗廖夫设计局利用所缴获的德国 V-2 导弹和俘虏的德国导弹科学家和工程师设计的。最初设计的是"飞毛腿"A 型导弹，1955 年装备部队，是世界上最早的战术弹道

导弹。这种导弹为单级液体导弹，使用煤油和硝酸作为液体推进剂，射程仅为 180 千米，命中精度为 3 千米，带一个当量为 5 万吨的核弹头。

1958 年，苏联将"飞毛腿"A 型改进成代号为 SS-N-1B 的世界上第一个潜射弹道导弹，装在 C 级潜艇上。接着，苏联于 1962 年在"飞毛腿"A 型导弹的基础上研制成功"飞毛腿"B 型导弹。从 1965 年起，该导弹出口到华沙条约多个成员国和多个中东国家。据估计，苏联共生产了约 7000 枚"飞毛腿"B 型导弹。

后来，在"飞毛腿"B 型导弹的基础上，苏联和其他一些拥有该导弹的国家纷纷研制出该导弹的改进型，如苏联研制的"飞毛腿"C 型导弹和"飞毛腿"D 型导弹；伊拉克研制成的"侯赛因"导弹（图 23）和"阿巴斯"导弹；朝鲜于 20 世纪 80 年代末研制成功的"劳动"I 型导弹等，使"飞毛腿"导弹及其改进型成为世界上拥有国家最多的弹道导弹。

图 23

俄罗斯"白杨"–M 导弹

"白杨"–M 导弹（图 24）被西方称为 SS-27 导弹，是俄罗斯历史上第一种自行研制和生产的导弹系统，也是俄罗斯固体燃料弹道导弹进一步改进过程中的重大进步，"白杨"–M 导弹可以认为是俄军工企业的新生儿。该导弹是一种中型单弹头陆基机动洲际弹道导弹，其制导控制系统是当今世界最先进的人工智能系统。它技术先进、可靠性高、飞行速度快、突防能力强，可令敌人防不胜防。该导弹装备了克服反导弹防御系统的最先进手段。

图 24

　　该导弹是 SS–25 导弹的改进型。1994 年 12 月 20 日，"白杨"–M 导弹进行了首次试射。1997 年 7 月 8 日，在普列谢茨夫靶场 "白杨" 导弹进行了第 4 次试射。接着，于 1998 年 12 月 9 日在普列茨克发射场对 "白杨"–M 导弹进行了第 6 次发射试验，导弹按预定轨迹准确击中了靶场目标。这最后一次发射试验的目的在于对这种面向 21 世纪的最新型战略导弹的飞行技术参数做最后的鉴定。

　　"白杨"–M 导弹系统在研制、试验过程中，以及在其战术技术性能指标中都创造了多个 "第一"，甚至在世界上也是首次。如第一次为高防护性的井基和机动陆基发射装置制造了标准化统一的导弹；首次使用了新型试验系统，借助它可检验导弹系统在地面和飞行状态各系统和组件的工作状态和可靠性，从而可大大缩小传统试验规模，减少费用，同时又不降低导弹系统研制和试验的安全性。

　　"白杨"–M 导弹之所以引起世人的关注，主要是因为它是当今世界技术最先进的洲际弹道导弹。该导弹为单弹头，采用惯性加星光修正制导方式。该导弹弹长 22.7 米，弹径 1.95 米，导弹发射质量 47.2 吨，投掷质量 1200 千克，射程超过 10 500 千米。单弹头当量约为 55 万吨级，命中精度为 350 米，反应时间为 60 秒。

"白杨"-M 导弹的最大特点是，在目前和今后相当长一段时间里反弹道导弹无法将其击落，其原因有以下几方面：

（1）飞行速度加快。由于该导弹使用了 3 台功率强大的固体火箭发动机，其飞行速度比现有俄制导弹速度都快，大大缩短了导弹在轨迹主动段的飞行时间和高度，增大了穿透力；同时它还有数十台辅助发动机，加上操纵系统和设备使这种快速飞行的导弹很难被敌方辨别。

（2）电磁隐蔽性好。"白杨"-M 导弹（图 25）几乎完全没有对电磁脉冲的敏感性，在该导弹试射过程中，尽管美国的侦察卫星极力进行跟踪，但导弹的信号还是躲过了美电子侦察系统的监视。

图 25

（3）先进的隐身措施。据说，"白杨"-M 导弹的前锥体部分可放置起欺骗作用的物体。当发射时，这些干扰物将使反导弹系统看到"数千枚弹头"，将使它难以从那些假弹头中区分出真弹头。

美国"侏儒"导弹

"侏儒"导弹（图 26）是美国研制的小型固体洲际战略导弹，能在公路上机动，以提高导弹的射前生存能力，主要用来打击导弹地下井。该导弹也是目前世界上最早采用全程制导的洲际战略导弹。20 世纪 90 年代，它与 MX 导弹、"民兵"Ⅲ导弹一起成为美国战略核威慑力量的重要组成部分。

该导弹于 1983 年开始研制，同年美国空军成立"侏儒"导弹计划局。

图26

1986年底首次飞行试验失败。1992年，第二次试验取得成功。由于受美俄《第二阶段削减战略武器条约》的影响，该型导弹并没有正式服役。

该导弹弹长16.15米，弹径1.17米，起飞质量16.8吨，射程10 000～12 000千米，命中精度146～182米，弹头核当量500万吨。其动力装置为多级固体火箭发动机。第一级发动机由联合技术公司化学系统分公司研制，发动机长5.64米，直径1.168米，重8.165吨，采用先进的高能固体推进剂，用高强度石墨环氧树脂复合材料制造机壳；第二级发动机由空气喷气战略推进公司试制，采用碳/碳喷管，壳体用石墨纤维绕成，并于1985年2月试车，推力达182.47千牛，工作时间41.7秒；第三级发动机由联合技术公司研制，长2.03米，直径1.17米，重1.54吨，采用可延伸喷管。

制导系统采用全程制导方案，即主动段制导采用MX导弹制导系统的改进型，称为轻型高级惯性参考球制导系统；中段制导采用"三叉戟"I导弹的MK-5星光惯性制导系统，重约60千克；末段制导采用末端定位系统的末制导装置，能使弹头在目标区内机动，消除主动段和中段的制导误差，使导弹在9250千米的射程中命中精度达到30米。弹头采用MX导弹的MK21核弹头，重达194～206.4千克，威力为30万～50万吨级。这种弹头能机动躲开反导弹攻击而确保精确命中目标。

"侏儒"导弹（图27）与"和平卫士"导弹一样，也携带MK21/W87核弹头。该导弹还配备有能与发射车始终保持联络的指挥、控制、通信、计算机和情报系统，同时还能利用载于飞机上的发控中心作支援。

图27

美国"民兵"Ⅲ洲际弹道导弹

美国研制的"民兵"Ⅲ导弹（图28）是世界上最早采用分导式多弹头技术的洲际导弹。它属于第三代弹道导弹，是"民兵"Ⅱ导弹的改进型。这种弹道导弹是美国"三位一体"战略核力量中的一支重要的陆基核威慑力量。该导弹于1964年进行方案论证，1966年开始研制，1968年8月首次飞行试验。1970年6月至1975年6月完成部署，共部署550枚，于1978年停产。

该导弹弹长18.26米，弹径1.67米，起飞质量35.4吨，起飞推力912千牛，投掷质量902千克。"民兵"Ⅲ导弹携带3枚MKIZA/W78核弹头，子弹头落点间距离可达60～90千米，甚至更远，单个弹头威力达34万吨TNT当量，具有打击多个硬点目标的

图28

能力。其最大射程为9800～13 000千米，最大弹道射高1216千米，最大飞行速度为马赫数19.7，命中精度为185～405米，反应时间为32秒。

"民兵"Ⅲ导弹采用三级固体火箭发动机，通过加固地下井发射，命中精度比"民兵"Ⅱ导弹提高一倍。制导系统为NS-20惯性制导，该系统总重110千克，平均无故障时间为9600小时。采用G10B动压气浮自由转子陀螺，漂移率为0.005度/小时。NS-20采用混合显式制导，对各项系统误差进行了修正补偿，并改进了地球物理参数的精度，还用末助推系统来修正主动段积累误差。

图29

这种导弹有两种分导式多弹头，已有 250 枚导弹采用 MK-12 型弹头。该弹头有 3 枚核 TNT 当量为 17.5 万吨的子弹头，其核装置代号为 W62，突防舱中有金属箔条干扰丝和诱饵。另有 300 枚导弹头用 MK-12A 型弹头，它是 MK-12 的改进型。这种弹头含有 3 枚核当量为 33.5 万吨的子弹头，其核装置代号为 W-78。MK-12A 改进了制导系统软件，使命中精度提高一倍。

美国从 1982 年开始对"民兵"Ⅲ导弹、发射井（图 29）和发射控制中心部分设施实施了一体化延寿计划，进一步地提高了导弹武器系统的可靠性、可维修性和作战效率，并进一步提高导弹的命中精度，使其命中精度提高了 25%。到 1985 年底已有 400 枚完成了改进工作。

后来，服役的 500 枚"民兵"Ⅲ导弹总共可携带 2000 枚核弹头，根据美俄《第二阶段削减战略核武器条约》的规定，"民兵"Ⅲ导弹将拆除其分导多弹头，改用 MK21／W87 型单弹头。

俄罗斯"橡皮套鞋"导弹

"橡皮套鞋"导弹是俄罗斯研制的反弹道导弹的导弹武器系统，代号 ABM-1B。它是主要用于拦截洲际弹道导弹或低轨道卫星。1957 年开始研制，1964 年开始在莫斯科防区部署，1969 年正式投入使用，在莫斯科周围建立 4 个导弹发射场，共有 64 枚"橡皮套鞋"导弹。每个导弹发射场均有很先进的预警雷达和跟踪设备。其中有一种被北约称为"鸡舍"的雷达，它的尺寸有三个足球场排列起来那么大，而作用距离相当于美国"卫兵"导弹所能达到的距离。

该导弹采用无线电指令制导。导弹最大作战半径640千米，最大作战高度320千米。导弹全长15.5米，发射筒长约20米，弹径2.04米，发射筒直径2.75米，战斗部重2.5吨，起飞质量32.5吨，平均速度3.36千米／秒。战斗部采用核装药战斗部，核当量为100万～200万或300万～500万吨TNT，有效杀伤半径为6～8千米。动力装置为一台固体助推器加一台液体火箭发动机，助推器推力约为2053千牛，燃烧时间约为20秒。

"橡皮套鞋"导弹（图30）的武器系统只能对付小规模的导弹袭击，不能对付大批的、装有多弹头或装有先进突防装置的来袭导弹。尽管俄罗斯对该导弹进行了改进，如使导弹末级液体火箭发动机在空中可以多次熄火和重新点火，以提高导弹的机动性和突防能力。但是，由于该导弹的探测设备较落后，仍不能抗击大规模导弹的袭击。为此，俄罗斯仍在对该导弹的各个分系统进行改进，以提高其拦截来袭导弹的能力。

图30

俄罗斯反导弹防御系统

俄罗斯在莫斯科防空区建造了目前世界上最大的反导弹防御系统，被西方称为"世界第八大奇迹"。

这个反导弹防御系统的任务是发现并跟踪入侵的洲际弹道导弹和其他类似的目标，并指挥反导弹导弹对目标进行拦截，防止来袭目标

长着眼睛的导弹

的核战斗部命中目标。该反导弹防御系统设有多功能无线电雷达站，还有一个计算机控制中心和若干反导弹发射井（其中一种是用于发射在高空、甚至在太空中拦截目标的远程导弹；另一种是可发射高速中程导弹的发射井）。系统在核爆炸的情况下仍能出色工作，它能抵御核辐射和爆炸性杀伤。

图31

庞大的莫斯科反导弹防御系统有数千个房间，电缆总长几万千米，自来水管道上千千米。管道上面有数万个水阀——它们为各种设备的正常工作输送质量、成分和温度各不相同的水。防御系统有8个发射场，装备32部ABM-1B"橡皮套鞋"反导弹系统。另外，还配备有SH-01高空拦截导弹（图31）（拦截距离为700千米左右），以及用于高空远程拦截和大气层拦截的SH-08、SH-04和SH-11拦截导弹等。

该防御系统从发现目标到摧毁敌导弹战斗部的整个过程实行自动化控制。弹道导弹按最佳攻击路线从发射到莫斯科防空区，通常需要11～30分钟（如从美国国土发射需要30分钟）。在这段时间内，首先借助雷达导弹发射地，判断其攻击方向和地点，并将所得目标指示数据传送给反导弹防御系统。然后，再对来袭导弹进攻方向进行检验。随后，系统进入战斗状态。多功能无线电雷达从众多真伪难辨的目标区分出"假"目标：哪些不带核弹头战斗部，哪些是积极干扰目标等。然后，雷达（图32）对核装

图32

置的目标实施跟踪，并指示反导弹导弹进行导弹拦截。

美国军界曾对这个反导弹防御系统评价说，"在10年内，西方任何一个同类系统都不能达到这样的水平"。

俄罗斯"飞毛腿"导弹

第二次世界大战后，世界各国研制的 50 多种弹道导弹中，唯一经过实战检验的就是苏联研制的"飞毛腿"弹道导弹，它也是实战中用得最多的弹道导弹。

20 世纪 80 年代的两伊战争时期，伊拉克和伊朗分别用"飞毛腿"改型的"侯赛因"导弹和"飞毛腿"B 型导弹攻击对方的大城市。在长达 52 天的导弹袭城大战中，伊拉克发射了 189 枚"侯赛因"导弹（图 33），造成伊朗 1000 多人死伤，成为战争史上用弹道导弹相互攻击的首次战争。

1979 年，苏联武装入侵阿富汗，并将大量的"飞毛腿"导弹运到阿富汗，提供给阿富汗政府用来对付阿富汗游击队。从 1989 年至 1991 年的近两年时间内，阿富汗政府向游击队发射了 1000 多枚"飞毛腿"导弹，这

图 33

是世界战争史上动用弹道导弹数量最多的一次战争。

1986 年的美国和利比亚的军事冲突中，利比亚为报复美国对利比亚的空袭，用两枚"飞毛腿"导弹袭击美军设在意大利兰佩杜萨岛上的一个美军基地，但没有击中目标。

在 1991 年的海湾战争中，伊拉克共发射了 88 枚"飞毛腿"改进型导弹——"侯赛因"导弹和"阿巴斯"导弹，其中 46 枚发射到沙特阿拉伯和其他海湾国家，42 枚发射到以色列，使多国部队官兵和沙特、以色列人民心理上产生了巨大的恐慌。以色列十几万人离城疏散，一人一个防毒面

图 34

具，形影不离；而多国部队动用相当大的军事力量——卫星、侦察系统、航空兵、导弹、特工人员等去搜寻它、摧毁它。即使这样，伊拉克的"飞毛腿"导弹（图 34）还是不断袭来，使得多国部队收复科威特的地面进攻日期不得不推迟了 3 个星期。

在 1994 年初的也门内战中，南也门军队先向北也门军队占领的地区发射了 5 枚苏联提供的"飞毛腿"B 型导弹，后又向也门首都萨那市郊，发射了 1 枚"飞毛腿"B 型导弹，从而使"飞毛腿"导弹首次成为一个国家内战的工具。

1994 年，伊朗向流亡在伊拉克的伊朗圣战者游击队的一个基地发射了 3 枚"飞毛腿"B 型导弹，炸毁了一些建筑物，但没有造成人员伤亡。

1972 年美苏《反导条约》

1972 年 5 月 26 日，美国总统尼克松与苏联领导人勃列日涅夫在莫斯科签订了世界上第一个《限制反弹道导弹系统条约》，简称《反导条约》。条约的主要内容是：每方可部署 2 个反弹道导弹防御系统，分别保卫首都和一个洲际导弹发射场；限制改进已有反导弹系统的技术，双方保证不研制、试验或部署以海洋、空中、空间为基地以及陆地机动的反弹道导弹系统及其部分。条约无限期有效，如一方退约，需提前 6 个月通知对方。

美苏签订这一条约的主要目的，是禁止任何一方建立全面的国土战略导弹防御体系和拥有攻防兼备的核能力，从而打破核力量均衡态势。当时，美苏双方已经认识到，如果某一方建立起了有效的反导系统，就会大大削弱对方进攻性核武器的打击效果，无形中提高了自己的战略进攻能力。

图35

在《反导条约》（图35）签订30年后的2002年，美国不顾国际国内的强烈反对，一意孤行，坚持发展"国家导弹防御系统"（NMD）计划，单方面退出了《反导条约》，使《反导条约》成为一张废纸，从而暴露了美国威胁世界和平的霸权主义企图。

俄罗斯 SS-11 导弹

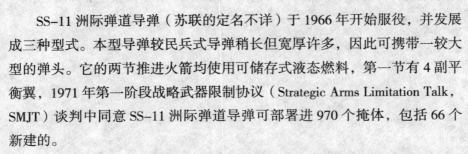

SS-11洲际弹道导弹（苏联的定名不详）于1966年开始服役，并发展成三种型式。本型导弹较民兵式导弹稍长但宽厚许多，因此可携带一较大型的弹头。它的两节推进火箭均使用可储存式液态燃料，第一节有4副平衡翼，1971年第一阶段战略武器限制协议（Strategic Arms Limitation Talk，SMJT）谈判中同意SS-11洲际弹道导弹可部署进970个掩体，包括66个新建的。

一型具有单一大型弹头，一度传闻其当量高达2000万吨。二型是前者的改良，具有较佳的射程、投掷重量、辅助穿透装置及较精确的弹头。三型是苏联第一种配备多弹头重返大气层载具的陆基洲际弹道导弹，1969年侦测其具有3枚弹头。1973年60枚SS-11三型洲际弹道导弹服役。当1970年代末期这970枚SS-11导弹过半数为新的SS-17或SS-19所取代时，仍有450枚继续服役。然而，一旦机动的SS-25洲际弹道导弹进入部署时，

图 36

更多的 SS–11 洲际弹道导弹将在 10 枚 5S–11 对 9 枚 SS–25 的合适比例下开始退役。

SS–11 型及二型洲际弹道导弹均有单一的大型弹头。但是它们并不太准确，因此只能用来攻击大范围的、软性的、对抗价值取向目标（counter-value target），如城市、工业中心及未经保护的军事设施。

SS–11 三型洲际弹道导弹（图 36）有 3 具重返大气层载具而且是用来攻击陆基洲际弹道导弹掩体。的确，由苏联的测试资料显示这 3 具所涵括的打击区域正是民兵式导弹掩体的范围，而这样的科技是从 SS–9 四型导弹上开发而来的。然而，由于更准确、更合适的弹头不断被开发出来，因此，即使 SS–11 三型洲际弹道导弹依旧瞄向美国，应该已改变了原先的攻击目标。将 SS–11 洲际弹道导弹部署在远东是极具价值的。它的射程可包括中国大陆、日本及其他亚洲国家。

Part 3
防 空 导 弹

  防空导弹是指由地面、舰船或者潜艇发射，拦截空中目标的导弹，西方也称之为面空导弹。由于大多数空中目标速度高、机动性大，故防空导弹绝大多数为轴对称布局的有翼导弹；动力装置多采用固体火箭发动机，也可以采用液体火箭发动机、冲压式空气喷气发动机和火箭冲压发动机。

俄罗斯"道尔"地空导弹

俄罗斯是从 20 世纪 80 年代后期开始研制该型导弹的，这是当今世界上唯一一种采用垂直发射的低空近程地空导弹系统。西方把它叫做"萨姆"–15。1991 年交付部队使用。"道尔"地空导弹（图 37）系统能对付作战飞机以及那些精确制导的空地武器，是一种近程、低空的地空导弹武器系统。

图 37

地空导弹是一种防空武器。世界各国从 20 世纪 40 年代就开始研制。近几十年来，它的研制朝着两个方向发展：一种是以拦截弹道导弹为主，叫做反导弹武器，如美国的"爱国者"（图 38）地空导弹系统；另一种是以拦截轰炸机、攻击机和直升机等低空目标为主，叫做防空导弹，如美国的"尾刺"防空导弹，可以在单兵肩上发射。

将"道尔"地空导弹称为武器系统，是因为它包括一部搜索雷达，一部跟踪雷达，一部电视跟踪瞄准设备和导弹发射箱。导弹发射箱内装有 8 枚待

图 38

发导弹。但是，这整个武器系统的所有装备，都是装在一辆越野性能良好的履带车上的。

车上共载有 3 人：车长、操纵员和驾驶员。一辆车就是一个火力单元，

从搜索、发现目标到完成任务，这辆车全都能独立完成。而且只需在导弹发射和制导时，车子暂时停下来。完成其他作战程序的时候，车子完全可以在行进中进行。这种武器机动灵活，生存能力强。

要想对付精确制导的空地武器系统，导弹必须有高速的数据处理能力。从发现目标到发射导弹，反应时间要非常短。只有导弹自动化程度相当高，才能将判断过程所需要的时间缩到最短。"道尔"地空导弹系统有3台每秒100万次运算能力的计算机，整个作战程序高度自动化。操作员只需观察就行了，只有在敌方电子干扰比较严重时才实施干预。使用"道尔"地空导弹（图39）系统，从发现目标到发射导弹，只需5 ~ 8秒钟。

图 39

它的导弹装在密封的四联装发射筒内。两个发射筒共8枚导弹都垂直地装在炮塔上。发射时，导弹的弹射系统把它推出发射筒，呈垂直状态升空。当升到几十米后，导弹开始转弯，向目标平面飞行。垂直发射可以用来对付各个方向来袭的空中目标。

它的最大速度是850米／秒，射程1.5 ~ 12千米，射高10 ~ 8600米，它的战斗部是破片杀伤式的，用无线电引信来引爆，以便大范围摧毁目标。

"道尔"导弹（图40）系统使用了多种传感器。在20世纪90年代，它是世界上同类武器中唯一具有三坐标搜索雷达的武器系统。这种雷达可

图 40

以在足够大的范围内搜索；在25千米内提供48个来袭目标的距离、方位、高度和威胁程度的信息；可同时跟踪其中12个目标，能根据目标威胁力的大小，排出拦截的先后顺序。可以想象，当各种空地武器铺天盖地同时袭来时，"道尔"导弹雷达工作的覆盖面是相当大的，可以同时处理多个目标，还

可以同时用两枚导弹攻击两个目标。

"道尔"地空导弹系统还有另外两个传感器：一个是跟踪雷达，可同时跟踪两个目标，跟踪距离达 25 千米；另一个是电视跟踪瞄准设备，它的任务是当处于电子干扰的恶劣环境中，雷达无法工作时，它就取而代之，使"道尔"导弹能继续作战，这种设备最远能瞄准 20 千米的目标。

为了保障"道尔"地空导弹系统的作战能力，部队还需配有运输装填车、导弹运输车和修理车。

英国"吹管"地空导弹

它是英国研制的便携式单兵肩射近程防空导弹武器系统，采用光学跟踪和无线电指令制导，能迎面射出，也能围追射击，还可以从各种车辆上、船上和直升机上发射。它主要用来对付低空慢速飞行的飞机和直升机，主要承担野战防空任务，还可以用来对付小型舰艇和地面车辆。

该导弹弹长 1.35 米，发射筒长 1.4 米。它的弹体直径非常细，仅为 0.076 米，是导弹中弹径最细的导弹，其翼展 0.0274 米，全弹重 11 千克，发射筒重 3 千克。导弹最大速度为声速的 1.5 倍，导弹作战半径 0.3 ～ 4.8 千米，最大作战高度为 1.8 千米，破片杀伤战斗部总重 2.2 ～ 3.6 千克，装烈性炸药 1.45 千克，由近引信或触发引信起爆，有效射程 4800 米，有效射高 1800 千米。对付地面或水面目标时，采用空心装药战斗部。其动力装置为一台固体起飞助推器加一台固体主发动机。

图 41

20 世纪 60 年代初，由于飞机突

防方式由高空、高速转向低空或超低空方向发展，英国为加强战场上的低空防御能力，才开始研制单兵携带、发射的防空导弹，因此"吹管"导弹（图41）便应运而生了。该导弹 1966 年开始研制，一年以后完成了研制任务，并由陆军肩射试验获得成功。1972 年对 5 对导弹全系统进行了鉴定试验，同年 9 月，宣布研制阶段完成，开始进入批量生产阶段，1973 年装备英国陆军，以后海军又将此导弹系统发展为多联装舰空和潜空导弹武器系统。"吹管"导弹除装备英国军队外，还远销加拿大等 7 个国家。该型导弹武器系统现已被新型的"标枪"和"星光"等便携式导弹所取代。

俄罗斯"盖德莱"SA-2 地空导弹

它是世界上生产量最大、装备国家最多的一种高空、中程防空导弹武器系统，又称"盖德莱"（图42），通常称为"萨姆"2，是苏联使用最广泛的一种防空导弹。1957 年在莫斯科首次展出。它广泛使用于苏联和华沙条约国家，并大量出口古巴、埃及、印度尼西亚、伊拉克和其他国家。1971 年春，在埃及苏伊士运河附近至少配备了 28 个导弹连。

该导弹自从 1957 年装备部队以来，曾取得过辉煌战绩: 1960 年 5 月 1 日，苏联用它在世界上第一次击落了美国 U-2 间谍飞机；越战期间，越南用它击落了多架美国 B-52 战略轰炸机。

1967 年中东战争中被以色列缴获的"盖德莱"全套导弹系统，包括一辆"吉尔"157 型半拖拉运输起重车、雷达车和发电机。美国给它的编号是 SA-2 或 SAM-2，而这种导弹装在苏联

图42

捷尔任斯基巡洋舰的双联装发射架上时被称为 SA-N-2。

该导弹的制导与控制装置采用自动无线电指令加末段雷达寻的方式。制导站的雷达能同时跟踪 6 批目标和制导 3 枚导弹攻击一个目标。由可动尾翼和助推器尾翼上的控制翼面控制。动力装置为液体火箭发动机。弹体是两级串联导弹。助推器为圆柱形，具有带十字形截短三角尾翼，其中两个尾翼后缘有控制翼面。第二级直径较小，为圆柱形，带有外扩裙。在头部和尾部的中间部位装有固定的十字形弹翼和小的十字形控制翼面。它们都与助推器尾翼成一直线。头部有十字形前翼。

"盖莱德"（图43）SA-2 导弹有多种改进型，其原型弹长 10.6 米，

图 43

弹径 0.65 米，翼展 1.7 米，全弹重 2287 千克。战斗部为破片杀伤式，装烈性炸药 130 千克，带触发或近爆引信，或者是指令引爆，有效射程 35 千米，有效射高 27.4 千米。

经过多次改型的"盖莱德"导弹，其最初型号为方便起见称为 MK-1 型。几次改型主要是在射程、射高和抗干扰等性能上有所提高，低空作战能力也有所改善。在设计方面，这种导弹很像美国第一代导弹"奈克"1型。该导弹最初头部的前翼是矩形的，但被以色列缴获的 MK-2 型则为截短的三角翼。而最新的 MK-4 型是 1967 年在莫斯科首次展出，它比 MK-2 型长 40 厘米，没有上述的前翼和助推器控制面。在它鼓出的、涂白漆的头锥处装着核弹头，这意味着它的威力远远超过以前的各型导弹。

SA-2 导弹共装备了约 36 000 枚，后来逐步由 SA-5、SA-10 和 C-300 等导弹所取代。

俄罗斯 "甘蒙" SA-5 地空导弹

这种导弹的最大射程为 250 千米，最大射高 30 千米，通常称为 "萨姆" 5，又称作 "甘蒙"（图 44）。该导弹主要承担国土防空任务，用于对付超高空飞行的战略轰炸机和巡航导弹，也可拦截战术导弹。通常，它与中低空 SA-3 导弹配合执行战略防空任务。

"甘蒙" SA-5 地空导弹于 20 世纪 50 年代初开始研制，60 年代初开始装备部队。1963 年首次在莫斯科红场公开展出，现在仍有少量服役，部署在俄罗斯西部塔林地区。目前，这种导弹正在被 C-300 等新型导弹所取代。

该导弹采用无线电雷达指令和主动雷达寻的制导。弹体呈圆柱形，弹长 16.5 米（含空速管），弹体直径一级 1.07 米，二级 0.85 米，翼展 3.65 米，头部为卵形（图 45）。导弹装有大的十字形截短三角弹翼，每一弹翼后缘

图 44

039

图 45

插入一控制翼面。在第二级锥形尾部上有十字形控制尾翼，它们与弹翼成一直线而与助推器上的尾翼呈 45° 夹角。动力装置为多级火箭发动机，第一级为固体火箭助推器。在弹头内还装一个小型固体火箭发动机，总推力达 1400 千牛。战斗部采用破片杀伤式，可交替使用核和高能炸药，由无线电引信起爆。战斗部分离后可作为第三级助推器，用一台内部的火箭发动机使之最后去接近目标。最大速度为 3 ～ 5 倍声速，发射质量 10 吨。

美国"响尾蛇"、英国"火光"空空导弹

"响尾蛇"导弹代号为 AIM-9，是美国研制的世界上第一种被动式红外制导空空导弹，目前已发展成多品种的系列导弹。第一代是该系列导弹的研制基础，共有十多种不同型号。但其原型 AIM-9A 没有成批量生产，大量生产和使用的是 AIM-9B。1948 年美海军武器中心开始研制这种导弹，1953 年 9 月发射成功，1956 年 7 月开始服役。

"响尾蛇"导弹（图 46）迄今为止已经发展了三代。1956 年投产的第一代为 A、B 型，以后又不断改进形成第二代，即 C、D、E、F、G、H、J 型。从 20 世纪 70 年代开始进入第三代，L

图 46

型从 1971 年 1 月开始研制，1976 年批量生产，该导弹已初步具有全项攻

图47

击能力，离轴发射角度大，可靠性好，命中精度高。在1982年的马岛战争中和1991年的海湾战争中都用它击落过飞机。该导弹装备部队初期是采用尾后攻击方式的，专门攻击发动机尾喷管，在尾后爆炸，所以取名"响尾蛇"（图47）是很有道理的。

这种导弹弹长2.84米，弹径127毫米，翼展609毫米，发射质量75千克，发射距离1~7.6千米，最大标准射程和最大使用高度分别为11千米和15千米。导弹由制导控制舱、战斗部、触发引信、红外近炸引信、固体火箭发动机和弹翼等六部分组成。弹体为圆柱形，头部呈半球形，由被动式红外制导，携带破片式杀伤战斗部，采用红外近炸引信和触发引信，杀伤半径约为11米。

该导弹的主要特点是结构简单、质量轻、成本低，成批生产每枚约3000美元，其可拆卸部件不超过24件，制导装置体积小、线路简单，只有7个电子管。30多年来，美国空军和海军在AIM-9B的基础上作了10多次改型，型号甚多，形成了世界上最大的空空导弹系列。除美国自己使用外，该导弹还大量出口到英国、法国、德国以及中国的台湾省等十余个国家和地区。1958年，在台湾海峡空战中，"响尾蛇"导弹就已用于实战。以后在第四次中东战争、越南战争和英阿马岛战争中都有过出色的表现。

AIM-9"响尾蛇"导弹既可对敌机采用尾后攻击，又可进行迎头攻击。这是因为后续研制的"响尾蛇"型号采用了性能更好的红外寻的器，在较低的温度（上百摄氏度）下就可以追寻目标。这样，导弹可以不用专门追击敌尾后发动机排出的较高温度的热量，而探测飞机外壳部位因受高速气流摩擦生成的热量红外线就可以攻击了。

英国在1951年也曾研制过一种红

图48

外制导的"火光"空空导弹（图48），并于1958年装备英国空军和海军。但由于该导弹电子设备很复杂，且红外导引系统不能在大雨或密云聚集时工作，于1969年停止生产。

"火光"空空导弹采用被动红外自动导引系统。弹长3.19米，弹径222毫米，翼展750毫米，发射质量136千克。射程1.2 ~ 8千米，射速大于2倍声速，采用尾追攻击方式，单发杀伤概率为80%。战斗部采用普通高能炸药，重22.7千克，由红外近炸引信起爆。动力装置为固体燃料火箭发动机，工作时间为2 ~ 3秒。

俄罗斯"粗毛犬"SA-5地空导弹

俄罗斯"粗毛犬"SA-5地空导弹的射高达30千米，是当今世界上射高最大的战略防空导弹之一。这种导弹于20世纪50年代初开始研制，60年代初装备部队。它主要用于对付3倍声速飞机和巡航导弹，也可拦截战术导弹，通常用于国土防空。

"粗毛犬"（图49）SA-5导弹长16.5米，弹体直径0.85米，翼展3.65米，全弹重2900千克，射程250千米。制导与控制装置采用无线电指令制导加末段主动式雷达寻的制导。动力装置为多级火箭发动机，第一级采用固体火箭助推器。战斗部采用破片杀伤式，装烈性炸药70千克或核装药，由无线电引信引爆。俄罗斯曾装备1000余枚该型导弹，目前仍有少量在服役。该导弹正在被C-300等新型导弹所取代。

图49

美国"幼畜"空地导弹

　　20世纪70年代初，为适应战场需要，美军加快了各种新式武器的研制步伐，第二代空地导弹陆续亮相。"秃鹰"AGM-53A是美海军投资1.24亿美元，由美国洛克威尔国际公司研制的，采用程序加电视制导，精度很高。由于该导弹成本太高，最初每枚价格达到10亿美元，未能投入实战使用。美国休斯公司研制的"幼畜"AGM-5，又称"小牛"导弹，性能与"秃鹰"导弹十分相近，再加上售价便宜（单价仅为2.54万美元），因此，很快就取代了"秃鹰"（图50）导弹，成为世界上最早采用电视制导的空地导弹。

　　"幼畜"空地导弹是美国几种电视制导武器中最小的一种，可以用来攻击点目标，如包括坦克、装甲车、导弹与高炮阵地、车队、地面防御工事、桥梁、指挥所、雷达、停机坪上的飞机和舰艇在内的各种目标。

图50

长着眼睛的导弹

采用电视制导的"幼畜"在导引头部装有小型摄像机。当发现目标后，把电视图像传输到驾驶舱内的电视荧光屏上，然后，由导弹上的电视设备把目标图像"锁住"。当电视摄像机的十字线与瞄准线重合后，就可发射导弹了。导弹投放后，驾驶员不必继续跟踪导弹，而可以直接去攻击其他目标或从目标区域返航，电视导引头会自动地连续测量导弹偏离预定弹道的误差，并将误差信号发送给控制系统，从而自动控制导弹命中目标。电视制导的导弹精准度较高，但其弱点是受气象条件影响较大，只能在能见度良好的白天使用，而且投弹时飞机飞行高度较低，容易受到对方防空兵器的威胁。这种导弹曾在越南战争、中东战争和海湾战争中得到使用。

"幼畜"导弹弹长2.49米，弹径0.3米，翼展0.72米，发射质量210千克，一般战术飞机可携带6枚。在一台固体火箭发动机推动下，巡航速度可达到马赫数1，射程为0.6～22.5千米。

图 51

在越南战场上，由于恶劣的环境严重影响了"幼畜"导弹的电视制导效果，使它显得默默无闻。但在以色列对叙利亚的战略轰炸中，"幼畜"导弹（图51）准确地攻击了叙军国防部、空军司令部、广播电台以及发电厂、机场、通信设施和海军司令部等重要目标，引起了人们的关注。

在1991年的海湾战争中，美军的F-117A、F-111F和F-16E战斗机共发射了5500余枚"幼畜"导弹，命中概率超过了80%，居全部参战导弹之首，"幼畜"导弹也因此身价倍增。到1993年底，"幼畜"导弹已生产出10万余枚，并出口到20多个国家。

美国 "霍克" 地空导弹

　　"霍克"地空导弹是世界上最早研制成功的一种全天候中程、中低空防空导弹，它分为基本型和改进型两种。基本型于 1953 年开始研制，1959 年装备部队；改进型的外形与前者相似，只是内部结构稍有变动，如改用固态电路和较大的战斗部，改进推进剂等。这种地空导弹于 1972 年开始服役，主要用于国土和要地防空，可以对付飞机、战术弹道导弹和巡航导弹。目前已有近 30 个国家和地区装备了这种导弹，在 1973 年第四次中东战争中，以色列曾用"霍克"导弹击落多架阿拉伯飞机而使它声名远扬。

图 52

　　"霍克"导弹（图 52）采用单室双推力固体火箭发动机和全程半主动雷达寻的制导，战斗部为破片杀伤式战斗部（也可采用核战斗部）。采用无线电近炸引信或触发引信，爆炸后形成一个不断扩大的圆环区域，因此可获得较高的杀伤概率。

　　"霍克"导弹弹长 5.03 米，弹径 0.36 米，全弹重 586 千克，作战拦截最大距离和高度分别为 40 千米和 18 千米。美国后来对它进行了改进，在试验中曾成功地拦截"长矛"地地战术导弹（图 53）。

图 53

　　该导弹以营为建制单位，每个营

辖 3 个连或 4 个连，每连拥有 6 部三联装发射架、2 部制导雷达和 1 部低空目标指示雷达，每个发射架上装有 3 枚导弹，连可独立作战，能同时制导多枚导弹攻击两个目标。

美国"爱国者"地空导弹

美国"爱国者"导弹（图 54）是一种最早采用多功能相控阵雷达的导弹，并在 1991 年的海湾战争中成功地拦截了"飞毛腿"导弹而声名鹊起。

这种导弹所用的相控雷达能同时跟踪 100 多个空中目标，并能同时指

图 54

挥 9 枚导弹进行拦截。该导弹在 1980 年开始小批量生产，1985 年装备部队，主要用于对付 20 世纪 80 年代以后问世的高性能飞机、空地导弹、战区弹道和巡航导弹等空中来袭目标，也适用于野战防空、国土防空和要地防空等。其最大作战距离约 100 千米，理论杀伤概率大于 80%。

"爱国者"导弹采用初段程控、中段无线电指令、末段半主动雷达寻的的复合制导，并采用多功能相控阵雷达，能同时拦截多个目标，是当前先进的防空导弹。其有效射程 3 ~ 80 千米，有效射高 0.3 ~ 24 千米，全弹长 5.3 米，弹径 0.406 米，翼展 0.852 米，发射质量 800 千克，最大飞行速度 5 ~ 6 倍声速。动力装置为一台高能固体火箭发动机。战斗部为破片杀伤型，杀伤半径 20 米。

"爱国者"导弹（图 55）的武器系统由火控和发射架两大部分组成。火控部分包括雷达车、指挥控制车、天线车和电源车。指挥控制车是整个

武器系统的大脑，由一名指挥官和两名操作手通过控制台就可以完成作战全过程。这种导弹之所以引人注目，主要是因为它采用了性能先进的相控阵雷达。

图 55

如果把指挥控制车称为导弹的"大脑"，那么，相控阵雷达就可称得上是"爱国者"的"眼睛"。"爱国者"导弹系统每个发射连配备一部 MPQ-53 相控阵雷达，可控制 8 个四联装导弹发射装置。该雷达负责搜索、跟踪、敌我识别、指挥导引导弹攻击于一身。其雷达搜索角度为 90°，跟踪角度为 120°。它工作在 G 波段。探测目标时，其电子扫描波束能立即测出目标的方位、高度，搜索范围为 3 ～ 170 千米，能同时踊跃拦截多个目标。

"爱国者"导弹的雷达天线很独特。它的相控阵天线呈方盒形，安装在一辆拖车上。天线由若干组模块构成，其中一组为主天线，由此及彼 61 个收发模块构成圆形阵列，其功能是同时发出对目标搜索、跟踪、照射、导引指令等不同波束；另外一组在主天线的左下方，由 251 个模块组成小的圆形阵列，专门负责接收"爱国者"导弹传送来的信息，并传给拦截控制站的数字式武器控制计算机进行计算。目标数据处理完毕后，则由雷达的指令或雷达探测波束回传给导弹，导弹上的两组导引天线接收到这些导引信号后，利用弹内导弹元件将其转成控制信号传至控制面，导引导弹飞向目标。

在主天线下面还有一组长条式阵列横向排列，它是敌我识别系统。另外还有 5 个六角形（各 51 个模块）阵列，其中 2 个位于敌我识别阵列上方左右两侧，其余 3 个位于天线板的下方中央位置，这 5 个小天线阵列的功能是在降低电子干扰时，用来滤除敌方的电子干扰信号。这些模块由计算机管理，采用时分复用方式，就是在一条信道传输时间内，若干路离散信号组成时域互不相叠的群路信号一并传输，以百万分之一秒的间隔时间去运算，使搜索、跟踪、导引、敌我识别、电子对抗等上下功能完全智能化。

图 56

该雷达还有欺骗反辐射导弹（反雷达导弹）（图56）设备，即ARM-D反辐射导弹诱饵。它可发出类似MPQ-53雷达频率、波幅的电子信号，使来袭的反辐射导弹去追踪该诱饵，从而保护了雷达的安全。

当该导弹获取入侵目标信息后，导弹就进入作战准备状态，地面雷达开始搜索，一旦发现目标，立即进行监视、跟踪，指挥控制系统进行敌我识别和威胁判断；然后确定有线攻击的目标和拦截时间，并选定发射架，将发射前需要的数据、程序送给导弹；接着发射导弹，导弹便按预定程序飞行，同时雷达搜索跟踪目标，并以指令不断修正导弹飞行弹道；当雷达收到目标反射回来的信号后，导弹由指令自动制导转入半主动雷达寻的制导；当导弹与目标间的距离达到杀伤威力半径时，引爆战斗部，摧毁目标。

图 57

海湾战争中，"爱国者"导弹有效地拦截了伊拉克发射的地地战术导弹——"飞毛腿"导弹（图57）。"爱国者"导弹在实战中经受住了考验，从而证明了该导弹性能的先进性，同时也显示了高技术成果在战争中的良好应用。

法国 "响尾蛇" 地空导弹

这是世界上最早的一种低空近程全天候地空导弹系统，主要用来对付低空和超低空战斗机、武装直升机，以保卫机场、港口等要地和行进中的野战部队，其改进型还可用来对付巡航导弹。

法国于 1964 年开始研制 "响尾蛇" 导弹（图 58），1965 年通过首批 25 枚导弹的飞行试验，1969 年进行导弹拦截靶标的飞行试验，1971 年开始向南非和智利等十几个国家提供装备。1993 年法国对这种导弹进行改进，制成了新一代 "响尾蛇" 导弹，用来取代现役 "响尾蛇"、"罗兰特" 等地空导弹（图 59）。

图 58

"响尾蛇" 导弹主要用来对付最大飞行速度为 4000 米 / 秒，雷达反射截面为 1 平方米，水平机动过载为 2 克的战斗机、轰炸机和武装直升机等目标。导弹的作战半径为 500 ~ 8500 米，作战高度为 50 ~ 3000 米；单发杀伤概率为 50% ~ 75%，双发为 80% ~ 90%；反应时间：正常目标为 10 秒，紧急目标为 6 秒。导弹采用全程无线电指令制导。

图 59

这种导弹可用火车、飞机运输，最大行驶速度为 60 千米 / 小时。新一代 "响尾蛇" 导弹弹长 2.29 米，弹径 0.165 米，全弹重 75 千克，有效射程 500 ～ 11 000 米，有效射高 15 ～ 6000 米，最大飞行速度为 3.6 倍声速。

俄罗斯 "果阿" SA-3 地空导弹

1999 年初，在以美国为首的北约对南联盟发动的空袭中，美国空军的 "王牌"、世界第一种隐身战斗轰炸机——F-117A 战斗轰炸机被南联盟军队用 "果阿" 地空导弹首次击落，打破了隐身飞机不被击落的神话。

图 60

俄罗斯第二代全天候近程地空导弹 "果阿"（图 60），又称 "萨姆" -3，是 20 世纪 50 年代初开始研制的，50 年代末装备部队。主要用于要地防空和野战防空。它可车载机动，也可舰载使用。

"果阿" 是相当于美国 "霍克" 导弹的地空导弹。其弹体基本上是圆柱形，由两级串联组成，助推器上装有大的矩形十字尾翼。第二级助推器的后部装有十字形固定尾翼，在锥形头部有十字形截短三角控制翼面。采用无线电指令制导，导弹有效射程为 24 千米，射高 1220 米，最大射速 2.5 倍声速。制导站为一部制导雷达。导弹弹长 5.95 米，弹径 0.55 米，翼展 2.08 米，发射质量 953 千克。采用破片杀伤式战斗部，杀伤半径 50 米。动力装置采用两台串联的固体火箭发动机。两枚 "果阿" 导弹可装在一辆卡车上，这说明其结构紧凑，这种卡车也可作为 "盖德莱" 导弹和 "吉尔德" 导弹的运输牵引车。美国把这种导弹的陆上型号称为 SA-3 或 SAM-3。该导弹通常与 "盖德莱" SA-2 配合使用，采取交叉部署以组成交叉火力，用来对付大批高、中、低空目标。

英国 "星光" 地空导弹

英国的 "星光" 导弹 （图 61） 是肩射式导弹家族中最年轻的成员之一。它一研制成功就创下了肩射式导弹家族中的三个之最：射程最远，有效射程为 7 千米；速度最快，最大速度达马赫数 4；它是世界上最早用两级火箭推进的肩射式导弹。它除了装备英国陆军外，还出口国外。

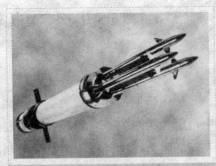

图 61

"星光" 导弹有单发便携式、三联装式和车载八联装式三种发射架。导弹采用新型子母弹结构，母弹内含 3 枚穿甲爆破子弹头，动力装置为高能推进剂的双推力固体火箭。导弹在发射后的两秒内即可增至最大速度，是目前同类导弹中飞行速度最快的。导弹采用激光波束制导。

"星光" 导弹的发射过程是这样的：当发现目标后，射手瞄准目标扣下扳机，这时第一级火箭点火，将弹体推到发射筒外几百米，这时第二级火箭发动机点火，将导弹加速到马赫数 4。当第二级火箭发动机燃烧完毕，弹头部分一分为三，就变成了 3 个分弹头，分弹头上安装着激光接收系统，自动接收射手瞄准具射向目标的激光，弹头便会寻着这束激光命中目标。

图 62

"星光" 导弹虽然一出世就成为肩射式导弹中的佼佼者，但是，它也有缺点，由于该导弹采用的是激光制导，因此它只能在白天使用，一到晚上就变成了"瞎子"。

现在，西方国家的军队装备的肩射式导弹主要是英国的"星光"、法国的"西北风"（图62）和美国的"毒刺"导弹。

法国"西北风"地空导弹

法国研制的超近程地空导弹武器系统"西北风"，在肩射式导弹家族中可谓独树一帜，它的导弹前方安装了一个六角形的光罩，能有效地减少飞行的阻力。这种光罩由氟化镁制成，弹头上的红外线极易穿透，便于导弹用红外线去捕捉目标。该导弹主要用于对付超低空、低空直升机及其他高速飞机，用于保卫空军、陆军要地和野战部队。1979年法国军方提出设计方案，1981年开始研制，1986年交付第一批基本型导弹，并装备部队。

"西北风"导弹（图63）的前段为战斗部，后段为动力部。战斗部为破片杀伤式，重约3千克，其内装高能炸药和许多钨合金小球。当导弹战斗部爆炸时，这些钨合金小球便在高爆炸药的作用下射向目标，杀伤半径为1米。导弹弹长1.8米，弹径0.09米，发射筒长1.85米，发射筒直径0.09

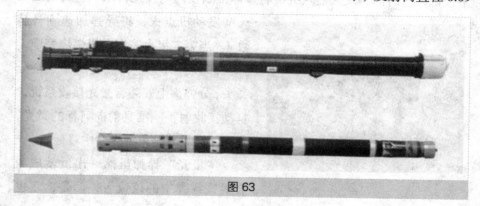

图63

米，弹重 17 千克，加上发射筒导弹全重 20 千克，最大飞行速度 2.6 倍声速。导弹作战半径为 0.3 ~ 0.4 千米，最大作战高度 4.5 千米，杀伤概率为 90%，反应时间 3 ~ 5 秒，采用红外寻的制导，以及激光近炸引信和触发引信，由单兵三角架发射。动力装置为两级固体火箭发动机。

"西北风"导弹（图 64）的全武器系统主要有两大部分组成，一部分是"西北风"导弹和密封发射筒，总重 20 千克；另一部分是三角发射支架，用于固定发射筒，架上有瞄准系统和放大镜。整个武器系统操作十分方便，只需一名射手在一分钟之内就可将瞄准装置和发射筒安装到发射支架上，并进入发射准备状态。

发射支架上装有光学瞄准装置，必要时可加装敌我识别器和红外夜视

图 64

仪。射手坐在座椅上可以任意调整导弹发射方向。导弹的发射支架也可重复使用。行军时既可一人携带，也可将整个武器系统放在普通车辆上行军，车一停就可以在车上发射。其机动灵活性很适合野外作战。

"西北风"导弹的寻的头也很有特色，它可以在 38° 的范围内进行转动。因此，当目标一旦被导弹的寻的头发现，想用急转弯的办法逃脱是很难办到的。"西北风"导弹的引信分为近炸引信和触发引信两种。所谓近炸引信，就是在导弹接近目标到一定的距离时，引爆导弹。该导弹的近炸引信可以确保导弹距离目标 1 米的范围内爆炸，这样就不会因目标的回避动作而提前引爆。

长着眼睛的导弹

由于该导弹具有灵敏度高、机动性好和抗红外干扰性强等特点，因此它一诞生就被许多国家看中，其中一个很重要的原因是这种导弹通用性很强，除了单兵操作之外，还可安装在军舰、飞机、装甲车、汽车上，陆海空三军通用。再加上它属于超低空导弹防御武器系统，可以与其他地空导弹组成低空、超低空防空网。在以超低空作为主要进攻手段的情况下，用它来填补高射炮与低空导弹之间的拦截空域，显得尤为重要。

俄罗斯"根弗"SA-6导弹

"根弗"SA-6导弹（图65）是俄罗斯研制的一种机载机动发射的中程、全天候中低空防空导弹武器系统，又称"萨姆"–6。它是世界上第一种采用整体式固体冲压和固体火箭组合的导弹。这种发动机在世界上首次用于

图65

导弹，是导弹动力装置的一大突破。这种导弹于20世纪50年代末着手研制，60年代中期装备部队，1967年首次公开展出。

该导弹除了装备俄罗斯本国防空部队外，还向埃及、叙利亚、伊拉克、利比亚、越南、捷克斯洛伐克、匈牙利、波兰、莫桑比克、朝鲜和索马里等国出口，是俄罗斯在20世纪80年代较先进的地空导弹。

在1973年的中东战争中，埃及和叙利亚曾用"根弗"SA-6导弹（图66）击落不少以色列飞机。但在1982年6月9日，以色列却采用先进的电子干扰设备，只用了6分钟就摧毁了叙利亚部署在黎巴嫩贝卡谷地区的19个"萨姆"–6导弹阵地，给对方造成惨重损失。

该导弹采用半主动雷达寻的的制导方式，主要用来对付距离在 5 ~ 25 千米，高度 60 ~ 10 000 米的亚声速飞机，也可拦截巡航导弹。它的弹体长 5.85 米，弹径为 0.335 米，最大速度可达马赫数 2.6。采用破片杀伤型战斗部，总重为 59 千克，内装烈性炸药 40 千克。战斗部由无线电引信控制起爆，可爆炸成 3000 余块碎片，杀伤半径达 18 米。

图 66

更值得一提的是，"根弗" SA-6 导弹的动力装置采用的是固冲一体化发动机，这种发动机十分先进。由于火箭发动机采用固体药柱，所以它比以往的"萨姆"导弹使用的液体火箭发动机的结构更为简单，容易操作，战斗的准备时间短。

固体火箭发动机药柱一般是事先装填在发动机内，而且可以长期贮存，从而使得这种导弹的维护、使用更加简单方便，发射准备时间短，这样就大大缩短了反应时间。同时，它又采用一种结构最简单的空气喷气发动机，其外形像一个两头收缩的薄壁金属圆筒，里面设有涡轮和压缩机装置。这种发动机在大气层中高速运动时，空气从前面进气道进入，然后与发动机中部喷出的燃料混合燃烧，而燃气则从发动机后面的喷口喷出，推动导弹高速前进。把这种发动机用在导弹上，使"根弗" SA-6 导弹如虎添翼，它的推力比以往的地空导弹使用的液体发动机的推力明显提高了四五倍。

图 67

"根弗" SA-6 导弹以营为最小火力单位，能独立作战，每个营配备 1 辆指挥车、1 辆制导雷达车、4 辆三联装导弹发射车、2 辆导弹运输车（图 67）、1 辆电源车和 1 辆运油车。编制为 1 名营长、1 名参谋长、8 名军官和 26 名战士。

美国 AIM-120 空空导弹

空空导弹都是挂在战斗机上，或者挂在武装直升机上，在空中发射，用来打击空中的飞行目标。如果把空空导弹用地空导弹发射架发射，你一定会认为是别出心裁。事实上，美国陆军研制的 AIM-120 空空导弹，就是世界上第一种由地面发射的空空导弹，它把这种不可思议的设想变成了现实。

1958 年 8 月，美国陆军司令部在一次代号为"安全天空"的防空射击演习中，首次成功地用"霍克"地空导弹发射架发射了几枚 AIM-120 型先进中距空空导弹。"霍克"地空导弹的每个发射架都能发射 3 枚"霍克"

图 68

地空导弹。美军将这种发射架改装成为单弹混合发射装置。经过改进的"霍克"发射架能发射 8 枚 AIM-120 型先进中距空空导弹。

AIM-120 导弹（图 68）是美国空、海军针对未来威胁而研制的一种超视距空空导弹，是一种先进的中距空空导弹。采用指令、惯性和主动雷达末

制导，以取代"麻雀"空空导弹。1975 年 11 月，美国空、海军和海军陆战队组织了一些有经验的专业技术人员、飞行员和地勤人员，对未来 30 年内的空中威胁和主要空战任务进行了为期 13 个月的研究和论证、分析，明确了 1985 ~ 2005 年间世界范围内的空中威胁，主要来自 5.6 ~ 74 千米以内的攻击，建议发展一种先进中距空空导弹，以对付 20 世纪 80 年代已有的和 90 年代可能出现的战斗机、战斗轰炸机和巡航导弹。根据这一建议确定了对未来空空导弹的作战要求，于是提出发展这种导弹的计划。

美国空、海军于1977成立联合工程办公室，并于1979年确定研究发展、试验与鉴定经费。它由美国空军武器发展试验中心负责管理，由美国海军航空系统司令部负责研究弹脉冲导引头。1981年至1986年底为全面研制阶段，并于1981年和1982年先后确定休斯公司和雷锡恩公司分别为第一、第二承包商。1979年至1981年底为该导弹的试验阶段，1985年开始试生产，1989年中期具备初步作战能力。

AIM-120导弹（图69）弹长3.65米，弹径0.178米，翼展0.526米，弹重152千克，射程0.8～80千米，使用高度达20千米，最大速度达马赫数4。该导弹有无干扰发射、机载雷达跟踪干扰源发射、目视截获发射等三种发射方式；采用指令惯性制导、跟踪

图69

干扰源等三种中制导方式和高脉冲重复频率主动雷达制导、中脉冲重复频率主动雷达制导、跟踪干扰源等三种末制导方式。可组成20多种不同的作战使用方式。

这种中距空空导弹真正具备了"发射后不用管"的能力。在指令惯导阶段，机载雷达只向导弹传送一定的修正指令，不要求机载雷达连续跟踪目标。在自主惯导和主动段，不需要机载雷达照射目标和给导弹传输信号。多目标攻击时，具有多目标区分能力，主动雷达导引头能边扫描边跟踪，后一枚导弹不会攻击已被前一枚导弹瞄准跟踪了的目标。制导和控制全数字化，使导弹抑制杂波和抗干扰能力大大提高了。该导弹可在敌人发射武器前发射。主要装备在美国F-14、F-15、F-10和F-18战斗机以及英国、德国的"阵风"和"海鹞"（图70）飞机上。

图70

用地空导弹发射架发射空空导弹有些什么好处呢？第一是节省了研制

地空导弹的费用，可以把现有的空空导弹直接拿来作为地空导弹发射；第二是陆军和空军都能用，增加了弹药的来源；第三是一枚空空导弹要比一枚性能相似的地空导弹便宜，也便于维护。

美国"小牛"空地导弹

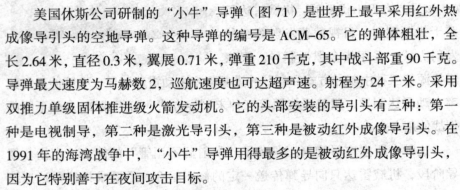

美国休斯公司研制的"小牛"导弹（图71）是世界上最早采用红外热成像导引头的空地导弹。这种导弹的编号是 ACM-65。它的弹体粗壮，全长 2.64 米，直径 0.3 米，翼展 0.71 米，弹重 210 千克，其中战斗部重 90 千克。导弹最大速度为马赫数 2，巡航速度也可达超声速。射程为 24 千米。采用双推力单级固体推进级火箭发动机。它的头部安装的导引头有三种：第一种是电视制导，第二种是激光导引头，第三种是被动红外成像导引头。在1991 年的海湾战争中，"小牛"导弹用得最多的是被动红外成像导引头，因为它特别善于在夜间攻击目标。

采用红外热成像导引头的"小牛"导弹，其抗干扰能力很强，要想欺骗这种导弹绝非易事。这是因为，该导弹捕获目标、锁定目标与发射导弹

图71

等全部程序在 2 ～ 4 秒内即可完成，在这样短的时间内，防御方要对付它是相当困难的。另外，由于"小牛"导弹的发动机产生的烟雾很少，敌方也不易发现导弹的载机。

"小牛"导弹的被动红外成像导引头由光学透镜、扫描器、探测器、信号处理和显示器等组成。它的透光系统是以能透射远红外（微米）的物质制成，一般用锗。红外线经过一个以不同角度安置的 8 面转镜的扫描器，以每秒 60 转的速度旋转，8 个不同角度镜面每转一圈就对视场内的景物上下扫描一遍。与此同时，镜面还将景物光线反射到探测器上。探测器由 16 个标准的制冷式碲镉汞器件组成，每个器件单元面积约 50 平方微米，其换帧速度为 60 帧／秒，行分辨率为 16×8。探测器采用串联阵列或并联阵列，红外线经过探测器的扫描输出信号为视频信号，即以标准的电视信号输出，与电视非常类似。由此就完成了把景物的红外辐射信号转换成视频信号的过程，并显示在电视监视器上。而它的导引头的视频信号通过弹体直接连在飞机驾驶舱显示屏上，由驾驶员控制。

当飞机座舱内瞄准镜与红外成像十字线重合时，目标即被锁定，便可以发射导弹了。由于导引头的头部较小，视野自然就很狭窄，所以，飞机在发射导弹时，必须保持平稳的飞行状态。一旦发射完毕，飞机就可以马上脱离，由导弹的红外系统自动跟踪目标。导弹一旦点火，即可在 1 秒钟之内加速脱离发射轨道，导弹的固体火箭发动机可在 5 秒钟内加速到马赫数 2，飞向目标中心。

"小牛"导弹的头部（图 72）有三种战斗部：A ／ B ／ D 型采用 56.7 千克聚能装药射流或重 56.7 千克爆破战斗部；EIF ／ G 型采用 136.2 千克高能炸药爆破杀伤战斗部。除了用于打坦克，136.2 千克的战斗部的延迟引信穿甲爆破弹头可以打击飞机掩体、地堡和其他加固目标，还可以攻击舰船等海上目标。

图 72

在海湾战争中，一望无际的茫茫

长着眼睛的导弹

沙漠，到处都是伊军掩藏在沙丘中的坦克和火炮，它们只露出炮塔，并在周围垒起沙袋或用沙堤围住。但尽管如此，它们在红外成像导引头的"眼"里，火炮或车辆与周围沙土便会形成一个温差，使其在荧光屏上呈现出白色或是黑色。这时，"小牛"导弹一发射，便十有八九能击中目标。美军的第355战术战斗机中队（编制A-10"雷电"攻击机24架），在一次夜间行动中，一次就击毁了伊军24辆坦克。

由于"小牛"导弹的视野太窄，不容易看清楚目标图像而导致误伤自己人，因此，美国空军已从1998年开始对"小牛"空地导弹进行改造。1200枚ADM-65G导弹的红外导引头换装成红外成像电子耦合器件（CCD），改装后的型号为AGM-65K。CCD光电导引头将具有质量更好的图像、更远的探测距离，提高在低亮度环境中使用的能力。

现在，"小牛"导弹（图73）已有了下一代，休斯飞机公司又研制出一种"长角小牛"导弹。新导弹重1362千克，它比"小牛"导弹长约0.9米，并在头上长出了"角"，在"角"上面安装有全球定位和惯性导航系统，还装备了先进的涡轮喷气发动机。其最大射程75千米，比现在装备的"小牛"导弹提高了3倍多。

图73

第三章 防空导弹

美国"麻雀"空空导弹

美国于 20 世纪 50 年代研制成功"麻雀"导弹（图 74），这是世界上最早用雷达制导的空空导弹。这种雷达制导中距空空导弹先后有十几种改进型。现在美军服役的有 F、M、P 三种型号。F 型 1967 年研制，1980 年停产，共生产了 5400 枚。F 型有两种发射方式，与机载脉冲多普勒雷达配合使用时，有识别编队目标的能力；导弹低空性能得到较好的发挥，具有中、近距离空中攻击能力。在 1999 年 3 月的北约对南联盟的空袭中，美军飞机首次使用了"麻雀"空空导弹。M 型 1975 年开始研制，

图 74

1982 年装备部队。该型导弹操作灵活，可靠性强，能对付多个目标，能从低空地面杂波中识别目标，具有下视下射能力，抗干扰能力强。该型导弹出口到十多个国家。P 型 1991 年开始生产，它采用一台改进的可重新编程的计算机，安装了先进的制导设备，改进了接收装置，性能较 M 型有进一步提高。

"麻雀"AIM-7E 导弹弹长 3.66 米，弹径 0.203 米，翼展 1.02 米，发射质量 230 千克，装有一台固体火箭发动机，战斗部为 39 千克破片杀伤式高爆炸药。采用主动雷达引信，杀伤半径 20 米，射程 0.6 ~ 45 千米，速度为马赫数 3.5，可全向攻击。"麻雀"导弹是用半主动雷达寻的导引的。所谓半主动雷达寻的，是指在导弹从战斗机上发射后，在惯性飞行的一段距离内仍要由飞机上的雷达波束或无线电指令进行制导，待导弹飞到导弹

图 75

头部的雷达能够探测到目标的距离时，雷达导引头向目标发射电磁波，根据目标回波与导弹速度向量之间的夹角，自动判断导弹的速度向量偏离目标的程度，进而引导导弹飞向目标。

"麻雀"导弹（图 75）虽然具有全向远距离攻击能力，但它还不能实现"发射后不用管"，因此这也算是它的弱点。"麻雀"导弹射程较远，在导弹未击中目标前，必须有机载雷达继续对目标进行照射跟踪，直到导弹导引头能自动跟踪目标时，载机才能脱离，这时敌机也同样有机会发射导弹击中战机。虽然战机在雷达锁定目标时，可以允许偏离目标 60° 以下做简单的机动，但不允许有较大的转弯动作，否则，会丢失目标而导致导弹失控。

"麻雀"导弹发射后首先靠飞机火控雷达进行制导，也就是机上雷达波束始终照射目标，导弹必须沿着雷达波束的轴线飞行。当导弹沿着波束飞到一定距离，也就是导弹雷达导引头能跟踪目标时为止，这时雷达导引头会给飞机一个信号，表明导弹跟踪上了目标，飞机可以脱离了。

后期的 P 型"麻雀"导弹采用无线电指令加半主动雷达制导，即在导弹发射后的惯性飞行阶段由机载无线电指令控制，并导向目标，末段则由导弹雷达导引头进行追踪。这样，可使机载雷达有更大的机动能力。

尽管"麻雀"导弹将被 AIM-120 先进中距空空导弹所取代，但目前美海军以及日本、韩国、新加坡等国仍大量配装这种导弹。

美国机载反卫星导弹

世界上第一个机载反低轨道的卫星的空天导弹是由美国沃特公司研制的。这种机载反卫星导弹（图76）具有机动灵活、反应迅速、生存能力强、命中精度高、造价低廉等优点，是一种拦截低轨道目标的反卫星武器系统。1985年进行了首次太空打靶试验，1988年开始服役。

图76

该导弹弹长5.43米，弹径501.9毫米，尾翼展752.8毫米，发射质量1221.36千克。攻击对象为低轨道也就是400～500千米以上的电子情报卫星、海洋监视卫星及载人弹头。最大作战高度可达1万千米，发射高度为10.688～15.24千米。由F-15载机在万米以上的高空发射，直接撞击摧毁目标。

整个武器系统由导弹、发射载机、地面卫星观测站和控制指挥中心等部分组成。

导弹的动力装置采用两台固体火箭发动机，其中一台是脉冲式固体火箭发动机，总重728千克，推力为26.9千牛。作战负荷是不带炸药的微型飞行器，靠动能撞击来摧毁目标。微型飞行器直径305毫米，长0.46米，重13.7千克，威力与大型炮弹相当。制导系统分为两段，在动力飞行段使用惯性制导系统，在微型飞行器飞行时使用红外寻的制导系统。

作战时，挂着导弹的F-15战斗机从机场起飞后升到10～15千米空域时，飞机驾驶员根据地面指令发射导弹。导弹离开飞机后，便依靠火箭

图 77

助推器和惯性制导装置导引火箭进入到大气层以外的预定空域，接着利用拦截器上红外探测器开始搜索目标。一旦捕获目标，便自动跟踪，当相对速度达到 13.5 千米／秒时，二级与三级助推器分离，并控制第三级火箭点火，拦截器机动飞行，接近目标，直至撞击目标为止。

美国空军计划先组建两个 F-15 反卫星导弹（图 77）中队，一个中队部署在费吉尼州的兰利空军基地，另一个部署在华盛顿的马克得空军基地，总共装备 56 架载机。

俄罗斯 P-73M 空空导弹

在现代空战中，战斗机前方没有目标就意味着背后可能被人偷袭。特别是对那些正在执行特殊轰炸任务的攻击机来说，在专心注视如何发现前面的地面目标时，又要防备尾后的攻击，危险性就更大了。因此，有人突发奇想，若有一种导弹能向后发射就好了。

这种导弹终于出现了。它就是由俄罗斯的 P-73 "射手"（图 78）近距空空导弹改进而成的世界上第一种向后发射的空空导弹——P-73M 空空导弹。射质量 110 千克。射程 1～30 千米。动力装置为双推力固体火箭发动机。

图 78

采用中段惯性、末段红外寻的制导，能离轴60°发射导弹，具有全向攻击能力。由于采用推力矢量技术，导弹的机动过载达40G。战斗部装高能炸药，杀伤半径7米。

战斗部采用链杆式战斗部，其破片是预制的，具体方法是在战斗部壳体上刻槽，当炸药爆炸时，由于刻槽处壁薄而首先破裂，于是可以得到合乎要求的破片。预制破片可以是球状、块状，也可以是链杆状的。

现在，俄罗斯正在试射一种新型导弹，它在支架和发射轨头上朝后挂载，当后向雷达发现目标后，导弹就可以锁定目标。导弹装有一个助推器，当发射时，其面向前方的助推器喷管由一个气动整流罩覆盖，整流罩在助推器点火时被吹掉。由于飞机是向前飞行的，导弹离开发射架是向后的，此时就产生了负速度。导弹由负速度加速到零，再加速到正的空速。然后，导弹导引头继续跟踪目标。

向后发射的新型P–73M导弹（图79）最大攻击距离为10～12千米，最小攻击距离为1千米，可攻击50～13 000米高度的目标。并可在离发射轨达60°的位置进行有效攻击，飞机可在亚声速和超声速情况下发射。虽然向后发射导弹时，飞行员不能目

图79

视确定这种导弹已击中目标，但这种新型P–73M导弹可在发射前锁定目标，并减少攻击目标所需时间。

目前，向后发射的P–73导弹能装载在两种战斗机上，一种是苏–30战斗机，该机的独特之处是，在机身下的两个引擎之间，装备有后视火控雷达，飞行员可发现后面来袭的敌机，同时，飞机无需掉头就可以向后面来袭的敌机发射P–73M导弹。这种"回马枪"式的后向攻击能力，曾让驻莫斯科的美国空军武官惊讶不已。

美国 "阿姆拉姆" 空空导弹

　　这是美国最新研制的中距空空导弹，也是世界上最早运用先进数字处理技术的空空导弹，该导弹是美国空、海军联合研制的第四代全天候、全方位、全高度中距空空导弹，用来取代"麻雀"AIM-7导弹。"阿姆拉姆"AIM-120导弹（图80）于1981年开始研制，1991年开始在美国空军服役，

图80

1993年装备美海军。

　　"阿姆拉姆"（AMRAAM）是"先进中距空空导弹"的简称。它刚一装备部队就显露出了锋芒。1992年12月，在伊拉克的"禁飞区"上空，发生了一场引人注目的空战。那天上午11时许，在伊拉克南部上空执行巡逻任务的美国空军的2架F-16C战斗机，发现2架伊拉克空军的米格—25战斗机在"禁飞区"上空飞行，美军战斗机立即进入战斗状态，在空中预警指挥机的引导下，向伊拉克的米格战斗机发射了1枚先进的AIM-20空空导弹，当即击落1架米格-25战斗机。这是"阿姆拉姆"AIM-120导弹首次在空中亮相，就显示出不凡的身手。1993年，美军又使用该导弹击落一架米格-29飞机。在波黑战场上，"阿姆拉姆"导弹首创新纪录，在1200～1500米高度击落一架"超级海鸥"飞机（图81）。

图81

"阿姆拉姆"AIM-120导弹与"麻雀"导弹相比，性能更可靠，自动攻击能力更强，而且弹体更轻，对美军大部分战机都适用。

"阿姆拉姆"AIM-120导弹采用中段惯性指令制导，末段为主动雷达制导。导弹在中段飞行阶段可利用载机"边扫描边跟踪"雷达操作模式提供目标信息，作间断性航线控制，而不需要载机雷达向目标持续照射，因而载机可以"发射后不用管"，并对搜索范围中的其他目标实施再行攻击。导弹到了末段，则由弹头主动雷达照射目标进行跟踪冲击目标。该导弹在载机连续追击多个目标的情况下，导弹可利用主动寻的器锁定目标进行自主攻击，而载机则可以瞄准其他目标再发射导弹进行攻击；当进入近距离时，可以直接利用导弹寻的器的有效范围对目标进行突射。

由于该导弹采用了先进的数字信号处理技术，在敌机对AIM-120导弹进行强烈干扰时，它可沿敌机干扰波自动导向目标和追踪目标，因而具有较强的反制干扰能力。

导弹的动力装置采用双推力固体火箭发动机（冲压火箭组合式发动机），因而提高了导弹的射速、射程，为先发制人创下了先决条件。"阿姆拉姆"导弹的速度为马赫数4。比"麻雀"导弹的马赫数3.5、"响尾蛇"导弹的马赫数3.8都有所提高。该导弹的射程为50千米，比"麻雀"导弹的40千米还要远。而且还准备将导弹的射程增大到80千米。它的速度大、射程远，可以大大提高导弹的先发命中率。

"阿姆拉姆"AIM-120导弹（图82）质量轻、弹径小，适用多种战机。该导弹弹长3.65米，弹径0.178米，翼展为0.526米，发射质量为157千克。由于该导弹的质量减轻，因而使能挂"响尾蛇"导弹的挂点也可以挂AIM-120导弹。战斗部装有22千克定向高爆炸药。由于重量轻，加之采用尾翼作为控制舵，所以在同样的气动力下具有较大的力矩，以改变航向，其机动过载可达50G。而以近距格斗著称的"响尾蛇"导弹的机动能力才26～35G。

图82

美国"不死鸟"空空导弹

"不死鸟"（图83）是美国海军 AIM-54 远距、全高度、全天候、高速度空空导弹的名称，它专门配备在美国海军 F-14 "熊猫"式舰载战斗机上。从射程上看，"不死鸟"导弹可以说是世界上攻击范围最大的空空导弹。其攻击高度范围在 15 ~ 30 000 米，曾对海面上空 15 米飞行的导弹靶机进行成功拦截。这种导弹由于采用半主动雷达加主动雷达制导，因而具有全天候全向攻击能力。

图83

该导弹全长 3.95 米，弹径 0.38 米，翼展 0.91 米，质量 447 ~ 463 千克，迎头攻击最大射程 110 千米。动力为固体火箭发动机，采用触发引信和近炸引信，或主动雷达引信，战斗部装填高能炸药。该导弹是专门为美国海军执行海上远程截击任务而设计的。

"不死鸟"导弹原计划装备变翼的 F-111B 战斗机。因该导弹的性能大大超过现有的空空导弹，于是改为美海军 F-14 "熊猫"战斗机的主要武器。导弹的维护和可靠性大有改进，可以整个导弹或拆成部件进行测试和储运。当作战时，由飞机上的休斯公司研制的 AN/AWG-9 火力控制系统来探测目标。这种系统能在任何气候条件下锁定目标，并在最佳射程内发射导弹。AN/AWG-9 的脉冲多普勒雷达可以"俯视"，并能从地面杂波中选出一个活动目标。若是别的系统，目标就要被杂波淹没。

该导弹的跟踪/扫描方式，可使火控雷达在飞行中同时指挥6枚导弹，

图 84

同时还能对其他目标进行搜索。末制导由导弹上的主动寻的雷达系统担任，射程 150 ～ 200 千米。

在执行战斗任务时，F-14 战斗机（图 84）共可挂 8 枚导弹，包括 4 枚"不死鸟"导弹、2 枚"麻雀"导弹和 2 枚"响尾蛇"导弹。F-14 战斗机装备有 AWG-9 火控雷达，其探测距离 112 ～ 160 千米，能截获、跟踪分析 24 个目标，同时发射 6 枚"不死鸟"导弹，分别攻击 6 个目标，命中率高达 80% 以上。

"不死鸟"导弹有 A、B 两种型号，C 型是在 A 型的基础上改进的，1976 年研制成功。导弹导引头的自动驾驶仪等设备全部是集成电路化，从而大大增加了导弹主动跟踪目标的距离，使导弹具备了攻击小型、低空目标的能力，并提高了抗干扰能力。这种导弹 1985 年服役，1993 年停产，共生产 2000 枚。

俄罗斯"蚜虫"AA-8 空空导弹

俄罗斯研制的"蚜虫"AA-8 空空导弹（图 85）其性能与美国的"响尾蛇"AIM-9L 导弹相似。1975 年装备部队。该型导弹主要装备在米格 -23

图 85

战斗机上，其后，又装备在后继型苏 –15、雅克 –36MP 和米格 –21 战斗机上。

"蚜虫"空空导弹有红外制导和雷达制导两种型号。弹径 130 毫米，翼展 520 毫米，发射质量 55 千克。雷达型导弹长 2.15 米，最大发射距离 15 千米。红外型导弹长 2 米，最大发射距离 7 千米，最小发射距离 500 米。制导系统有被动红外制导和 J 波段半主动雷达制导两种。动力装置为固体燃料火箭发动机。战斗部采用高能炸药破片式战斗部，重 6 千克。

美国 AGM–130 空地导弹

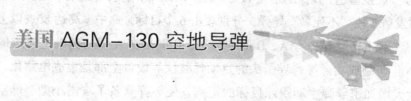

AGM–130 空地导弹是由美国空军研制的中程空地导弹。它由 GBU–15 模式化空地制导滑翔炸弹加装固体火箭发动机、雷达高度表和一个任务控制器组成，目的是为了既能保持原 GBU–15 制导炸弹的高精度，又能从更远的距离攻击目标。由于采用了高精度的制导炸弹，因而它成为目前世界上杀伤力最大的空地导弹。这种导弹于 1983 年开始研制，1987 年初具作战能力，1991 年装备部队。它有 AGM–130A（图 86）、AGM–130B 和 AGM–130C 三种型号。该导弹 A 型弹长 3.94 米，弹径 460 毫米；B 型弹长 4.02 米，

图 86

弹径520毫米，翼展1.5米。导弹射程24.95千米，其最大标准射程为45千米，命中精度1米。采用电视制导或红外成像制导，可携带包括集束战斗部等多种类型弹头，用于攻击各种严密设防的陆上和海上重要目标。集束式战斗部爆炸时，就像在倒着的小降落伞辅助下，几百个子炸弹射向四面八方，散布的面积相当于足球场那么大，每个子炸弹爆炸后又可产生2000多个高速碎片，相当于大量微型长钉炸弹同时爆炸的威力，方圆很大面积内的有生目标都难逃厄运。集束式弹头是现代战争中最野蛮残酷的武器之一。

美国"核猎鹰"空空导弹

　　由美国休斯公司研制的"核猎鹰"空空导弹（图87）（代号AIM-26A），是将AIM-4A"猎鹰"导弹的基本控制和制导装置与具有巨大破坏力的核战斗部相结合的产物。它优先地选用了雷达导引头而不用红外导引头，因而具有较好的全天候性能和较远的搜索距离，并能从任何方向（包括迎面）进行攻击。从外形上看，AIM-26A与以前的"猎鹰"导弹的不同点在于它有一个两头细中部粗的弹体，而没有头部舵翼。该导弹于1960年3月交付美空军试验使用，是世界上第一个装备核弹头的空空导弹。

图87

　　该导弹弹长2.07米，弹径290毫米，翼展620毫米，发射质量92千克，射程8千米，使用高度15.2千米，发射速度为2倍声速。动力装置采用M60型固体燃料火箭发动机，推力为26.7千牛。采用半主动雷达制导和主动式无线电近炸引信。采用核战斗部，核当量为 1.5 千吨。

该导弹与"猎鹰"AIM-4A 和 AIM-4C 一起装备在 F-102 全天候战斗机上。

法国"超 530"空空导弹

该导弹是由法国玛特拉公司研制的一种半主动雷达制导的中程空空导弹。1971 年开始研制，1973 ~ 1977 年完成初步作战试验，1980 年装备法国的 F-1 和"幻影"2000 战斗机。它的主要优点是能以远远大于目标的速度飞行，其最大的飞行速度为 4 ~ 5 倍声速，是目前世界上速度最快的空空导弹。由于该导弹的飞行速度远大于飞行目标的速度，因而可以拦截飞行高度大于载机的目标。

"超 530"空空导弹（图 88）全长 3.54 米，弹径 263 米，翼展 640 毫米，

图 88

尾舵翼展 900 毫米，发射质量 250 千克。射程几百米至 19 千米，最大使用高度约 30 千米，在最小使用高度处可以截击载机上方或下方 900 米处的目标。该导弹采用正常式布局，有优越的高空性能，在 17 ~ 18 千米高空机动时，最大过载为 28G。

动力装置采用双推力固体火箭发动机，重 44.5 千克。由于采用了变系数比例导引的半主动雷达制导系统，提高了导引头的探测和跟踪能力，使导弹在全高度上均能达到最优性能。战斗部采用破片式杀伤战斗部，重 30 千克，杀伤半径 20 米，并装有抗电磁干扰电路。引信为无线电近炸信和触发引信，能满足低空作战要求。在载机起飞后任何时刻均可发射导弹，还可以采用自动发射方式，由载机的计算机求出最佳发射点，当载机到达此位置时，导弹便自动发射。

美国"波马克"地空导弹

该导弹有效射程 700 千米，最大射高 30 千米。"波马克"（图 89）实际上是一种无人驾驶截击机，其外形与超声速飞机相似，需要从固定阵地垂直发射。

美国对"波马克"导弹的研制工作开始于 1949 年，由波音公司和密执安大学航空研究中心承担。它是多种大规模装备部队的远程地空导弹中的一种。从 1959 年起，在佛罗里达州埃格林空军基地进行了 200 多次发射试验，从而使"波马克"导弹能加入到美国的"赛其"防空系统。该系统是

图 89

针对美国大陆上空的潜在目标而设计的，它能指挥导弹或飞机攻击这些目标，以将其摧毁；它还能拦击高空的超声速目标，包括任何现代战斗机或大气中飞行的导弹。

这种导弹有 A 和 B 两种型号。A 型于 1951 年开始研制，1960 年开始装备美国空军，作为无人驾驶截击机使用，后来发展成远程区域地空导弹，用以弥补美国陆军"奈基"地空导弹的不足。B 型从 1958 年开始研制，是在 A 型的基础上加以改进的，即把原来的液体助推器改为固体助推器，换装了大推力冲压发动机，改用了燃料，从而增大了导弹的速度和射程。此外，还增加了移动目标的选择装置，提高了反低空目标的能力。B 型于 1961 年开始服役，现在已经全部退役。

该导弹全长 13.72 米（A 型为 14.43 米），弹径 0.89 米（A 型为 0.91 米），翼展 5.54 米（A 型为 5.5 米），弹重 7257 千克（A 型为 5800 千克），最大飞行速度 2.8 倍声速。战斗部采用核装药或烈性炸药，用近炸引信。动力装置采用一台固体助推器（A 型为液体助推器），两台冲压主发动机。

导弹的最大作战半径为 700 千米（A 型为 320 千米），最大作战高度为 30 千米（A 型为 18 千米），最小作战高度为 0.3 千米，制导系统采用预定程序和指令加雷达主动寻的。

以色列"箭"式地空导弹

这是世界上飞行速度最快的地空导弹，其速度达到 9 倍声速。"箭"式地空导弹（图 90）由以色列和美国共同研制，主要用于反地地战术弹道导弹，是一种区域防御反导导弹。20 世纪 90 年代中期开始部署。该导弹有"箭"–1 和"箭"–2 两种型号。它们的初段和中段都采用惯性制导加指令修正，"箭"–1 末段采用被动红外导引头，"箭"–2 末段有的采用被动红外导引头，有的采用主动雷达导引头。这种导弹的火控系统采用L波段相控阵雷达，具有较强的抗干扰能力。"箭"-2导弹的性能比"箭"-1导弹有较大的提高，不仅减轻了质量、减小了尺寸，而且大大提高了拦截距离和高度。

图90

"箭"-1导弹全长7.5米，最大弹径1.2米，全弹重2000千克，飞行速度达9倍声速，最大射程90千米，拦截高度40千米，末段采用红外寻的复合制导，携带破片杀伤战斗部和近炸引信，可对付"飞毛腿"之类的导弹。"箭"-2导弹是"箭"-1型的改进型，全长6.3米，最大弹径0.8米，全弹重1300千克，射程和射高均为"箭"-1导弹的2倍。

美国"阿达茨"地空导弹

图91

这是世界上第一种具有防空兼反坦克功能的武器系统（图91），由瑞士和美国共同研制。它主要用于对付低空飞机、直升机、遥控飞行器、坦克及地面装甲目标，以便用于保护行进中的装甲部队、机械化部队以及机场、后勤供应中心和指挥所等重要目标。1973年，瑞士开始进行技术论证，

图 92

1979 年正式确定由美国负责研制，全部研制经费由瑞士负担。它由 2 个可转动 360° 的四联装导弹（图 92）发射架、8 枚导弹、1 套雷达和光电设备组成的火控系统及履带式或轮式载车构成。1985 年开始投产，主要供应北约及其他西方国家。

导弹弹长 2.05 米，发射筒长 2.2 米，弹体直径 0.152 米，发射筒直径 0.24 米，弹重 51 千克，发射筒重 13 千克，有效射程为 8000 米，最大速度为 3 倍声速，导弹机动过载为 35G。战斗部采用破片杀伤战斗部，重约 12 千克，空心聚能装药，激光近炸引信和触发引信。动力装置为一台无烟双基药固体火箭发动机。

导弹最大作战半径为 8000 米（飞机）；最小作战半径：飞机 1000 米，坦克 500 ~ 6000 米。最大作战高度为 5000 米，制导体制采用无线电指令加激光波束。

英国"吹管"地空导弹

"吹管"导弹是世界上第一种采用"瞄准线"制导方式的地空导弹。它主要用来对付低空低速飞机和直升机，承担野战防空任务，还可用来对付小型舰艇和地面战车。1972 年开始服役。在第二次世界大战时，英国这个饱受法西斯德国飞机轰炸和最先受到导弹攻击的国家，深知防空作战在现代战争中的重要性，十分注重地空导弹的作战效果和战场生存能力。因此，其研制的第一种便携式单兵肩射导弹——"吹管"导弹就与众不同（图 93）。

"吹管"导弹系统没有像其他国家的同类导弹那样采用红外制导方式，而是自成一家，采用"瞄准线"制导方式（手动无线电指令制导）。采用这种制导方式的目的是要将敌机击毁在投弹或攻击之前。这是因为红外制导的便携式地空导弹只能对敌机进行迎面攻击。这样，在敌机投弹或攻击之前将敌机击毁的可能性就小得多，大多数情况下只能在敌机俯冲之后发

图 93

射导弹，此时，敌人的弹药已经投放出来，导弹射手在弹药爆炸的威胁之下操作和发射导弹，其准确性会受到很大影响；即使飞机投放的弹药对导弹射手没有威胁，也必然会对己方的其他人员或装备造成威胁。

因此，英国人在便携式导弹的设计上开动脑筋勇于创新，他们考虑到当时红外制导技术水平的限制，采用了既可实施尾追攻击又可实施迎面射击的"瞄准线"制导方式。这样，英军士兵携带"吹管"地空导弹，就可以尽早地将敌机击落或击伤，减少己方损失，提高防空作战效果。

图 94

"吹管"地空导弹（图94）系统由瞄准控制装置和发射筒两大部分组成。发射筒平时是导弹的储存运输容器，战时作为发射筒用，内装一枚导弹、环形天线、敌我识别装置天线和电池等，由前后两盖板密封。敌我识别装置的天线由一条小绳与前盖板相连，当前盖板被气体压力冲开时，拉出敌我识别装置天线。后盖板由4个保险螺栓与发射筒相连，在发射导弹时被

发动机喷出的气流吹掉，使发射筒后端敞开，这样就不会产生后坐力。

整个导弹分为弹头、战斗部和发动机三部分。"吹管"导弹系统不仅

制导方式独特，其弹体结构也颇有创新性，弹头部分内装引信、制导系统和控制系统，弹头与后段的弹体是活动连接，这在第一代便携式地空导弹中是绝无仅有的。这种连接方式可以充分利用弹头上产生的扭转控制力，而不受助推发动机的影响，使导弹变得更容易控制。导弹尾部装有曳光管，为瞄准和自动跟踪提供光源。

　　"吹管"地空导弹有其独特之处，然而也有许多不足之处。它的整个系统犹如一个营养过剩的"小胖子"，让射手抱着感到沉甸甸的，操作起来十分不方便。"吹管"导弹的抗干扰能力较差。也许当时的英国人没有深入考虑到电子干扰对防空作战的影响，虽然在发射机频率上提供了一些可选项，但是，对手如用阻塞式干扰或全频段干扰，"吹管"导弹的指令制导就会完全失效。"吹管"导弹的命中概率也较低，单发命中概率仅40%左右，在第一代便携式地空导弹中是很低的，这与制导方式和笨重的瞄准控制装置不无关系。

　　"吹管"地空导弹（图95）弹长1.35米，弹径0.076米，全弹重11千克，采用光学跟踪和无线电指令制导，破片杀伤战斗部，有效射程4800米，有效射高1800米。

图 95

俄罗斯 S-300PMU 地空导弹

　　这是一种全天候中远程、中高空地空导弹系统，也是当时世界上威力最大与效能最高的防空武器系统之一。1985 年开始服役，用于对付现代作战飞机与巡航导弹等空中目标，这种导弹的杀伤空域大，射高 27 千米，低界 5 千米，射程 75 千米，对低速目标可达 90 千米，比美国 "爱国者" 导弹的机动性要强。因而，用它足可以对抗美国的 "爱国者"、"战斧" 等类型的导弹。

　　一个 S-300PMU（图 96）导弹连一般包括 12 辆导弹发射车和 1 部多功能相控阵雷达。每辆发射车上装有 4 枚待发的导弹。导弹配有破片式战斗部，采用 "经由导弹跟踪" 的半主动雷达寻的制导方式，并以垂直方式发射。

　　S-300PMU 使用 1 部多功能照射制导雷达，可同时制导 12 枚导弹拦截 6 个目标，优于美国 "爱国者" 导弹同时射击 3 个目标的能力。

图 96

俄罗斯 C-400 "凯旋" 防空导弹

C-400 "凯旋" 防空导弹（图 97）是俄罗斯在 C-300 防空导弹的基础上改进而成的。

该导弹具有如下一些特点：第一个特点是，这种导弹系统利用了现代最先进技术，因而具有更高的战术技术性能，以及更强的快速机动能力和快速反应能力。它的突出的特点是射程远，其最大射程达 400 千米，是目前世界上射程最远的防空导弹，被誉为 21 世纪的防空武器系统。

图 97

这种防空导弹系统的第二个特点是采用垂直冷发射方式。C-400 防空导弹系统有两种形式：一种是发射架由 4 个标准储运发射筒组成，其外形与 C-300 导弹系统相似；另一种是装了 3 个大发射筒，在另一个发射筒位置装了 4 个小发射筒，因而可以根据需要混装两种导弹。发射装置安装在 8×8 轮式越野车上。发射时，采用垂直冷发射方式，即先利用压力将导弹从储运发射箱中弹出，在导弹达到 30 米高度后巡航发动机才点火开机。

该导弹系统的第三个特点是可选择使用多种型号的导弹。这种导弹系统可以说是世界上第一个能有选择地发射几种导弹的地空导弹系统。也就是说，它既可发射早期研制的性能优越的导弹，又可发射两种新研制成的性能更好的导弹（其中一种是射程为 400 千米的远程导弹；另一种是 9M96 中程导弹，有两种型号，最大射程分别为 40 千米和 120 千米）。

C-400 导弹系统的第四个特点是可打击多个目标。该导弹系统发射的射程为 400 千米的地空导弹，可拦截预警飞机、空中指挥站、电子战飞机、战略轰炸机、战术导弹和最大飞行速度为 3000 米／秒的中程弹道导弹。此外，它还可发射"火炬"设计局的中程地空导弹，能拦截隐身飞行器及处于各种高度和远距离的目标。

美中不足的是，这种导弹系统价格昂贵，每套价格高达 6000 万～7000 万美元。这样，连俄罗斯国防部在 2005 年前都没有能力购买这种导弹，更不用说装备服役了。

英国"长剑"2000 防空导弹

英国于是 1991 年研制成功的"长剑"2000（图 98）防空导弹系统，能在各种复杂的气象、地理及电磁干扰环境下有效地拦截巡航导弹、反辐射导弹，以及拦截装有地形跟踪系统的飞机、作垂直机动的直升机、各种无人机等，是当今世界上拦截目标种类最多的防空导弹。

这种导弹系统由导弹发射装置、搜索雷达和"盲射"跟踪雷达三部分组成。这三部分分别安装在 3 辆相同的自备发电机的拖车上，拖车由卡车牵引。导弹发射装置包括 2 个四联装的发射 MK2 导弹的发射架、光电跟踪系统和制导雷达。

图 98

"长剑"2000 防空导弹系统可同时攻击 2 个目标。它不仅抗干扰能力强，具有较高的自动化程度和快速反应能力，而且还具有良好的防核、生、化的能力。

美国"拉姆"单航防空导弹

　　这是世界上第一种点防御舰空导弹，由美国和联邦德国于1978年研制成功，1987年开始生产，1990年服役。它主要用于拦截掠海飞行的反舰导弹、巡航导弹和高速飞机。这种点防御舰空导弹，是一种近程、超声速、轻型、快速反应的防空导弹系统。该系统在美国的航空母舰每个角上可装备一套，共配4套。

　　在20世纪的中东战争中，以色列驱逐航被埃及发射的两枚苏制"冥河"SS-N-2反舰导弹击沉后，美国就想为小型舰艇研制一种廉价的点防御导弹系统，并且能为较大舰船提供辅助性防御，以对付反舰导弹的攻击。于是，"拉姆"反舰导弹的研制计划被提出来，并付诸实施。

图99

　　"拉姆"导弹（图99）是在美国"响尾蛇"AIM-9L空空导弹的基础上改进而成的，两者在外形上基本相同，但内部改动较大。全武器系统由"拉姆"导弹和发射控制系统两大部分组成。这种导弹系统利用舰船上的探测设备提供目标的方位、距离和高度等信息。当导弹系统接收到目标信息后传送给指定的发射装置，导弹便处于待发状态。导弹一旦离开发射筒，弹上的被动雷达便自动跟踪目标。当红外信号足够强时，导弹控制由被动雷达工作方式转到红外工作方式，并由红外导引头精确跟踪，直到命中目标。

　　这种导弹的作战半径为9.1千米，弹长2.79米，弹径0.127米，翼展

长着眼睛的导弹

0.42 米，弹重 71 千克。导弹速度大于 2 倍声速，机动过载大于 20G。制导体制采用被动雷达寻的和红外寻的或全程被动雷达寻的。动力装置为单级固体火箭发动机。战斗部采用连杆式，重约 10 千克，装烈性炸药约 3 千克，用近炸或触发引信起爆。

综合采用了各种先进技术的"拉姆"导弹（图 100），具有自动跟踪和较好的反掠海导弹能力。它由于大量采用微电子和微处理机组合装置，使电子控制组件减少一半，费用大幅度降低。这种导弹将来可发展成为一种陆机型的防空导弹，以作为机动的反飞机导弹系统。

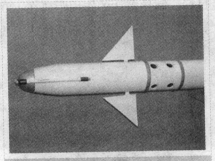

图 100

中国 HQ-1 地空导弹

HQ-1 导弹（图 101）（"红旗" 1 号导弹的简称）是我国最早仿制的中高空地空导弹武器系统。它是由"萨姆"-2 改进而成的，主要用于对付高空、高速飞机和巡航导弹。1959 年 10 月 7 日，中国空军地空导弹部队曾用苏制"萨姆"-2 导弹，击落一架台湾当局派遣的美制 BB-57D 型高空侦察机，从而成为世界空战史上首次使用地空导弹成功击落敌机的战例。

HQ-1 导弹由两级火箭组成：一级由固体火箭发动机和 4 个稳定尾翼

图 101

组成，直径为 0.654 米，长 2.589 米；二级装备有液体火箭发动机，直径为 0.5 米。导弹总长为 10.89 米，弹身装有舵、主翼和前翼，导弹具有良好的空气动力外形。

导弹的指挥控制中心是制导站，它负责跟踪目标并导引导弹直接攻击目标。制导雷达的作用距离在 120 千米以上，能自动跟踪目标并导引 3 枚导弹攻击目标。收发车是雷达天线的重要组成部分，整个制导站在阵地上配置在半径为 25 米的圆周范围内，收发车位于圆周的中心部位。发射阵地上的 6 部发射车，各放 1 枚导弹，均匀地布置在以收发车为中心、半径约为 100 米的圆周上，以便于打击从各个方向来袭的目标。

图 102

HQ-1 地空导弹（图 102）由导弹、制导站和地面支援设备等部分组成。

中国"红缨"5 号地空导弹

1964 年 4 月 11 日，中国第一枚单兵便携式导弹——"红缨"5 号设计定型。该导弹系统是我国自行研制、生产和装备的第一代便携式单兵肩射超低空防空导弹系统。1983 年春，该导弹在地空导弹试验基地曾进行多次定型试验。

1984 年 10 月 1 日，"红缨"5 号

图 103

导弹（图103）在庆祝新中国成立35周年的盛典上首次接受检阅。用户普遍反映这是一种"体积小、质量轻、精度高、操作方便、打了不用管"的有效防空武器。

　　导弹全长1423毫米，直径72毫米，导弹全重9.8千克，杀伤距离500～4200米，杀伤高度50～2300米。导弹的动力装置是固体火箭发动机，武器系统总重15千克，武器系统长度为1508毫米。这种武器的使用、维护和保管都很方便，地面机动性好。行军时，射手用背带将导弹背在身后；作战时，将其扛在肩上，取立姿或跪姿进行发射。可在开阔的地带、沼泽地、建筑物的屋顶及低速行驶的装甲车上发射，用于攻击几十米甚至2000多米高的目标。也可装在车上，由车运载。由于该导弹采用自动寻的制导方式，连续攻击目标时，导弹可以发射后不用管，它会自动跟踪并击毁目标，直至最后击毁目标为止。这也是我国第一个采用红外制导的防空武器。

　　该导弹的武器系统由筒装导弹、发射机构和地面电池三部分组成。待发导弹装在发射筒内，以弹体上的前后定位环与筒内壁相配合，并以筒体上的挡弹锁定位，其舵面和尾翼靠内壁的约束保持在收拢状态，导弹离筒后即靠弹力自动张开。发射筒在武器的携带、运输和储存时作为导弹的包装筒；作战时，用于瞄准目标和发射导弹；发射时，用于保护射手免受发

图104

动机燃气流烧伤。发射筒由玻璃钢制成，筒外壁上装有机械瞄准具、前置量指示器、目标指示灯、发射机构和地面电池插座等附件。

发射机构用于导弹的发射准备、发射程序控制和发射导弹（图104）。当导弹截获目标，并有足够大的目标信号时，发射机构中的蜂鸣器即发出响声，光标指示灯点亮，标志着导弹已具备了发射条件，射手即可扣动扳机发射导弹。发射机构可多次使用。

导弹的外形为钝头细长体，其头部为球冠接截圆锥形，弹身为圆柱形。两对尾翼装在弹身后端。为了便于制造、安装和更换部件，导弹在结构上分为4个舱段。这4个舱段从前至后依次是导引头舱、舵机舱、战斗部舱和发动机舱。

导引头舱包括位标器和电子舱两个部分。位标器是一种装有红外光学系统的陀螺跟踪装置；电子舱则主要包括导引头跟踪电路与导弹自动驾驶仪电路两部分电子线路。

来自目标红外源的辐射能量，由位标器光学系统接收、聚焦后，投射到调制盘和红外探测器上，红外探测器输出的电脉冲信号中对应地包含了该偏差的大小与方位信息。信号经电子线路处理后，一路成为操舵机的控制信号，另一路则送入位标器进动线圈，对陀螺仪转子构成进动力矩。陀螺仪的进动过程也就是位标器消除其他轴相对视线偏差的跟踪过程。

舵机舱内装有操纵该舵面的燃气舵机和作为其能源的燃气发生器，还装有作为弹上电源的燃气涡轮发电机和整流稳压器，以及用于测量的角速度传感器和解调器。

战斗部舱包括战斗部和引信两部分。战斗部具有聚能杀伤、破片杀伤和爆破等综合作用，其中以聚能杀伤和爆破杀伤为主。引信为机电能发式引信，导弹的自毁装置可使其在飞行14～17秒后爆炸自毁。

发动机舱由内装发射发动机、主发动机（附延时点火具）和导弹尾翼组成。发射发动机用于发射导弹，使导弹获得必要的出筒速度。又因发射喷管斜置安装，故使导弹同时获得绕弹体纵轴的一定转速，这是只装一对舵面的通道控制系统所需要的。主发动机为单室双推力固体火箭发动机。延时点火具用于保证导弹在出筒5.5米以上的距离才点燃主发动机装药，以确保射手的安全。

导弹尾翼组件由 4 片尾翼面及其弹出机构组成。尾翼的作用除产生外力和保证必要的稳定性外，还由于尾翼平面相对导弹纵向平面有一定的偏斜角，因而可使导弹在飞行中产生旋转运动。

中国 C-601 空舰导弹

我国最早研制的 C-601 空舰导弹（图 105）是一种射程远、命中精度高、抗干扰能力和突防能力强的性能优良的导弹。它既具备了西方反舰导弹所具有的高可靠性、机动灵活、命中精度高等特点，又具备了俄罗斯导弹的威力大、实用性强等优点，可以称得上是世界空舰导弹家族中的佼佼者。

图 105

该导弹的战斗部威力远非"飞鱼"导弹所能相比的。因此，C-601 导弹特别适用于打击大中型舰船及编队目标。它的高命中精度将成为包括航空母舰在内的所有来犯舰船的"克星"。

C-601 导弹弹长 7.36 米，弹体直径 0.76 米，翼展 2.4 米，重 2440 千克。巡航飞行速度为马赫数 0.9，巡航飞行高度 50 ~ 100 米，最大有效射程达 100 ~ 110 千米，最大动力航程 150 千米。导弹发射高度为海拔 1000 ~ 9000 米。对目标的捕捉概率为 98%，命中概率为 90% 以上。

导弹分为四大部分，即弹体、弹翼和尾翼，战斗部与引信，制导与控制系统，动力系统。导弹为正常式气动布局，外形像小飞机，弹体头部为椭圆旋转体，中段为圆柱体，尾部为二次曲线旋转体。在弹体腹下有一腹鳍，内装电缆和导管等。在弹体上方装有前、后吊环，通过吊环把导弹挂在飞机上。两个中弹翼位于弹体中部，是大后掠角三角形翼，属于半硬壳式结构。三个尾翼安装在弹体尾部，它们之间的夹角为120°，每一尾翼后缘都有一个操纵舵。

图106

战斗部与引信部分包括一个聚能破甲爆破型战斗部和一引信系统。战斗部内装有高能混合炸药，其装药量是法国"飞鱼"（图106）导弹的几倍。战斗部前面有一半球型金属聚能罩，炸药起爆后聚能罩能使它们形成一股能量巨大的聚能射流，可穿透相当厚的装甲钢板，能使导弹在击中的舰艇内部爆炸"开花"。引信系统包括两套点引信和一套机械引信，三套引信均为触发式引信，且都有三级安全保险装置。这三组引信及一整套的保险机构，既能保证导弹发射者自身的安全，又能保证引信与战斗部获得最佳配合，从而保证战斗部获得最佳破甲爆破功能。

制导与控制系统包括自动驾驶仪、多普勒雷达、无线电高度表、末制导雷达、舵机、电源等。自动驾驶仪是整个飞行中的"灵魂"，它能完成三个相互独立的角回路的稳定与控制，与其他机构配合完成对导弹的质心控制与射程控制，接收末制导等其他组件来的信息，使导弹在规定的弹道上飞行直至击中目标。高精密度的无线电高度表在导弹飞行过程中不断测定飞行高度，从而保证导弹不会过高或过低飞行。末制导雷达是捕捉、跟踪敌舰的眼睛，是命中目标的关键部件。它由天线、收发机、信号处理机、电子对抗设备和电源等组成，是一种单脉冲体制的主动雷达，具备抗海浪、电子干扰等多种抗干扰的本领。它能主动捕捉、跟踪与锁定目标，在航向

图107

和俯仰两个平面内提供目标信息，按预先选定的导航规律引导导弹命中目标（图107）。

动力系统包括一台液体火箭发动机和推进剂供应系统。液体火箭发动机位于弹体尾部，是一台推力可调、能长时间工作的性能优良的发动机。推进剂供应系统包括燃料、燃料箱和输送系统，氧化剂、氧化剂箱及输送系统，高压气瓶等。导弹的动力航程为150千米，如果被攻击的目标距离较近时，弹上的推进剂并不会浪费，它们能在舰艇内部燃烧、爆炸，这实际上也增大了导弹的杀伤威力，起到了第二战斗部的效能。

在弹体上从前到后装有末制导雷达、燃料箱、战斗部、氧化剂箱、自动驾驶仪、多普勒雷达和液体火箭发动机。

C-601导弹的武器系统由三大部分组成：C-601导弹、机载瞄准发射设备、地面技术保障设备。

机载瞄准发射设备包括导弹挂架、目标搜索雷达、射击指挥仪、发射控制台、一套敏感元件。地面技术保障设备包括阵地上的10辆特种专用车和机场上的2辆挂弹车和1辆指挥仪地面检查车。

C-601导弹（图108）通常用挂弹车挂在"轰六"丁型飞机上，每一机翼下挂弹一枚。"轰六"丁型飞机的作战半径为1800～2000千米，可封锁住500万～600万平方千米的海域。飞行中的飞机开启搜索雷达搜索海上目标。一旦发现目标，就由飞机上的领航员调整雷达显示屏上的跟踪目标波门框，待稳定地套住目标后就转入自动跟踪。如果目标情况发生变

图108

图 109

化，射击指挥仪就随时根据新情况进行计算，更换装定参数。当发射条件都得到满足时，发射台上的允许发射指示灯就闪亮，这表示现在可以发射导弹。发射员按下按钮，C-601 导弹就与载机（图 109）脱离。

离机后的导弹先是按预定方式、姿态与程序作无动力下滑。当离海平面 850 米高度时，高压气瓶向推进剂箱增压，推进剂便流向发动机，发动机点火，使导弹作有动力的加速飞行。当导弹飞行速度达到额定速度时，发动机转入二级推力状态，使导弹保持等速飞行。从高度上来看，导弹从发射高度一直下滑到预定的平飞高度（50 米、70 米或 100 米）就转入平飞。在下滑与平飞阶段，导弹上的多普勒雷达、自动驾驶仪、高度表、舵机等开始工作。当导弹平飞到预先装定的自主控制飞行高度时，多普勒导航雷达关机，主动末制导雷达开机。此时，导弹的自主飞行阶段结束，进入自动导引飞行阶段。

末制导雷达开机后，迅速搜索并自动跟踪目标，引导导弹向目标俯冲。此时，机械引信和电引信上的三级保险机构均被解除。当导弹撞击目标时，引信把战斗部引爆。战斗部爆炸后能把大中型目标摧毁。按导弹的设计指标，命中一枚导弹足以重创甚至击沉一艘 3000 吨级以上的驱逐舰或万吨级运输船。

C-601 导弹可单发，也可齐发。它可以对付包括航空母舰在内的各种先进的大中型舰艇。该导弹还在不断地改进，其改进主要有两方面：一方面是自身进行改进；另一方面是改型。如在 C-601 导弹的基础上对动力装置、推进剂、电器系统和末制导雷达等进行改进与更换，就可使导弹射程增加到 200 千米。

中国"霹雳"2号空空导弹

　　"霹雳"2号导弹（图110）是我国最早仿制的一种红外制导空空导弹。20世纪50年代末期，我国开始发展导弹事业时，就把空空导弹作为一个重要方面列入发展规划。几十年来，以"霹雳"命名的中国空空导弹从仿制、改进、改型，到逐步走上了自行研制的道路。目前已基本形成了一个门类齐全、配套比较完整的体系，为我国发展全高度、全方向、全天候性能的新型空空导弹奠定了坚实的基础。

图110

　　1958年，我国从苏联引进了雷达波束制导的K-5空空导弹。同年10月，我国开始仿制K-5，并将其命名为"霹雳"1号，这是我国仿制出的第一枚空空导弹。

　　1958年9月，我国从浙江沿海地区获得美制空空导弹的残骸，并对其进行了分析和测试。与此同时，俄罗斯先后派出两名专家来华索取了有关技术资料和部分残骸。不久，俄罗斯在此基础上试制成功了K-13型导弹（图

图 111

111），并装备于米格–21 歼击机上。

1962 年，俄罗斯有偿提供米格–21 和 K–13 型导弹的技术资料和样品。于是我国开始仿制 K–13 型导弹，并将其命名为"霹雳"2 号。1967 年进行了定型试验，并获得了成功。同年 11 月，导弹定型，投入批量生产。

"霹雳"2 号导弹由红外自动导引头、舵机舱、触发引信与非触发引信、战斗部、火箭发动机及弹翼组成，鸭式气动布局、弹头呈半球形钝头、弹身为细长圆柱形、两对三角形舵面和两对梯形弹翼呈十字形配置。飞行速度为马赫数 2.2，主要用于攻击中型轰炸机和歼击机。

"霹雳"2 号导弹的性能与美国"响尾蛇"ATB–9B 导弹相当，采用红外被动寻的制导，载机发射导弹后即可退出攻击，不再跟踪目标。

1978 年 3 月，我国开始对"霹雳"2 号导弹进行改进，重点是导引头和引信，其中主要是增大导引头截获距离；提高抗太阳和天空背景的干扰能力；提高导弹的平均速度；调整光学引信的灵敏度，改进电路和滤光片的性能，提高引信工作的可靠性。改进后的导弹命名为"霹雳"2 号乙。

"霹雳"5 号乙（图 112）是我国在"霹雳"2 号基础上发展的第二代空空导弹。1966 年研制出原理样机，进行了火箭弹地面发射试验，1986 年 9 月，正式设计定型。"霹雳"5 号乙继承了"霹雳"2 号导弹弹径小、质量轻

图 112

等诸多优点。虽然其工作原理与 2 号相似，但由于采用了不少新技术，在性能上有了显著的提高。

中国"红旗"-2号地空导弹

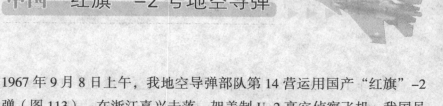

　　1967年9月8日上午，我地空导弹部队第14营运用国产"红旗"-2号导弹（图113），在浙江嘉兴击落一架美制U-2高空侦察飞机。我国虽不是最先研制和装备地空导弹的国家，但却是世界上第一个用地空导弹击落敌机的国家，首创了地空导弹机动作战法，首先进行了地空导弹防空作战中的反电子预警和反电子干扰，对地空导弹的发展和作战运用做出了历史性的贡献。

　　"红旗"-2号导弹是1966年3月在"红旗"-1号导弹的基础上经过技术改进后研制成功的。1964年11月17日，内蒙古包头市东南萨拉齐来了一大批汽车，车上下来的人都穿着印有"地质勘探队"字样的蓝色工作服，下车后就搭帐篷，安机器，挥汗如雨。老百姓都叫他们"打井队"。1965年1月10日晚上9点左右，"打井队"的"工地"上三声巨响，3条火龙腾空而去。

　　第二天，乡亲们看到的却是飞机的残骸，"打井队"的"工地"上既没有出油，也没有出水。其实，他们是由营长汪林指挥的我空军地空导弹部队第一营。他们用装有我科研人员研制的"反电子预警号"系统的"萨姆"-2导弹，打下了装备"12系统"和"13系统"的U-2飞机。为我国防空作战又一次奏响凯歌。

　　此后不久，"红旗"-2号地空导弹研制成功，从此，我防空部队日益壮大。

图113

中国 HQ-61 地空导弹

1988 年 11 月 2 日，我国研制的 HQ-61 地空导弹（图 114）设计定型。它是我国最早的全天候中低空防空导弹，主要用于攻击中低空入侵的各种亚声速和超声速飞机。有地空型和舰空型两种。

图 114

1967 年，中央军委决定将 HQ-61 地空导弹改为航空导弹，并由上海机电二局负责研制。该导弹于 1970 年 9 月开始进行独立回路遥测弹飞行试验。1976 年 12 月，在导弹护卫舰上进行导弹发射、武器系统跟踪伞靶和闭合回路遥测弹射击伞靶三项试验。1978 年，进行了三通道半实物模拟打靶试验。1980 年底，在导弹护卫舰上进行战斗打靶试验。1984 年 11 月，在地空导弹试验基地进行射击长空 1 号靶机试验。1986 年 11 ~ 12 月 HQ-61 号导弹装舰，在海上进行武器系统设计定型飞行试验，并获得成功。

该导弹具有结构简单、导引精度高、杀伤威力大、机动性能好、有一定的抗干扰能力以及维护使用方便等特点。其最大射程 10 千米，最大射高 8 千米，最大翼展 1.166 米，最大飞行速度 3 倍声速。导弹全重 300 千克，弹长 3.99 米，弹径 0.286 米。

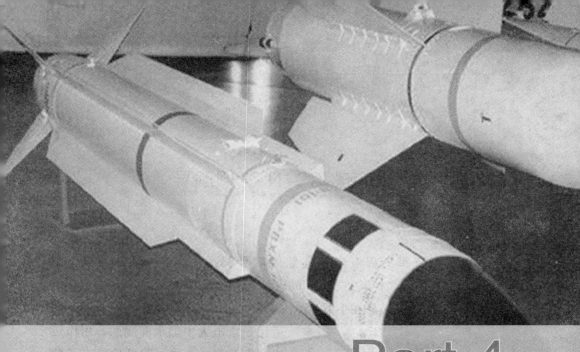

Part 4
反舰导弹

　　反舰导弹是从舰艇、岸上或飞机上发射，攻击水面舰船的导弹。是对海作战的主要武器。通常包括舰舰导弹、潜舰导弹、岸舰导弹和空舰导弹。常采用半穿甲爆破型战斗部；固体火箭发动机为动力装置；采用自主式制导、自控飞行，当导弹进入目标区，导引头自动搜索、捕捉和攻击目标。反舰导弹多次用于现代战争，在现代海战中发挥了重要作用。

俄罗斯"冥河"SS-N-2舰舰导弹

俄罗斯海军近程亚声速巡航舰舰导弹，又称"冥河"导弹（图115），是在日本"神风突击队"的启发下研制成功的一种反舰导弹。1960年装备部队，主要装备在小型导弹快艇上，如"蚊子"级、"黄蜂"级等，

图 115

适用于攻击大中型水面舰船，用作近岸防御武器。该导弹除俄罗斯自己装备外，还远销到阿尔及利亚、保加利亚、古巴、德国、埃及、印度和越南等十余个国家。SS-N-2还是最先采用末制导技术的舰舰导弹，在无电子干扰时，实战命中率很高。

当海防警戒雷达发现目标后，装备"冥河"导弹的导弹快艇便出航至指定海域，然后，由艇上雷达搜索和跟踪目标，同时进行诸元计算和装定，迅速操纵导弹快艇转到战斗航向，发射导弹攻击目标。

在1963年第三次中东战争中，埃及想尝试一下用导弹打击战舰的方法，结果用4枚"冥河"SS-N-2导弹（图116）成功地击沉了以色列的"埃拉特"号驱逐舰和一艘商船，成为世界上最早击沉战舰的舰舰导弹，并从此揭开了海上导弹战的序幕。埃及此举震动了西方各国，从而也促使法、美等国

图 116

家加快了其反舰导弹的研制进程。

该导弹弹长 6.5 米，弹径 760 毫米，翼展 2.4 米，全弹重 2500 千克，最大射程 42 千米，巡航高度 100 ~ 300 米，巡航速度为马赫数 0.9，全天候作战。制导与控制系统采用终端自动驾驶仪和末段主动雷达寻的的复合制导方式。制导系统由自动驾驶仪、高度表、主动雷达导引头和程序装置组成。导弹采用常规装药的聚能爆破穿甲型战斗部。

1968 年以后装备部队的"冥河"导弹，称为 SS-N-2B。在 1971 年印巴战争中，印度发射了 13 枚，命中 12 枚。但因它的巡航高度高，速度慢，容易被高速火炮击中，而且抗干扰能力差，不适应当前电子战环境的需要，因而已停止生产。在第四次中东战争中，埃及和叙利亚发射了 50 枚 SS-N-2B 导弹，无一命中目标。

美国"标准"舰空导弹

"标准"导弹（图 117）是美国研制的中远程导弹，也是一种全天候空域舰载防空导弹武器系统。它主要担负航空母舰编队的区域防空任务，用于对付各种来袭的高性能飞机、飞航导弹和战术弹道导弹，是目前世界上性能最先进的中远程舰空导弹之一。它于 1968 年开始装备部队。多年来，为满足不断发展的作战需要，它经过多次改进，已发展成拥有 16 个系列的"标准"导弹家族，在美国"小猎犬"、"宙斯盾"等军舰上使用。据称，该导弹还是世界上装备数量最多的舰空导弹。

"标准"舰空导弹属于美国第二

图 117

代防空导弹，分为中程和增程两种。其中"标准"RIM-66导弹为中程型，它又分为两种型号：即SM-IMRT、SM-2MR，其弹长分别为4.48米和4.72米，弹径为0.34米，翼展为1.07米。动力装置采用固体燃料火箭发动机；战斗部为破片杀伤式，可装70千克高爆炸药；射程分别为40千米和70千米，最大射高为19.8千米，最大速度可达马赫数2～2.5，分别采用无线电指令加半主动雷达制导和无线电指令加惯性加主动雷达制导。这两种导弹分别于1968年和1978年服役。

"标准"RIM-67导弹（图118）为增程型，即"标准"-2型，它也有两种型号：即SM-2ER和SM-2ER改4型，其导弹弹长分别为7.98米和6.5米，弹径0.34米，翼展1.58米。射程分别增加到120千米和150千米，飞行速度为马赫数2.5，射高提高到24.4千米。制导方式分别采用无线电指令加半主动雷达制导和无线电指令加惯性加半主动雷达制导。战斗部为携带破片式杀伤战斗部。当破片击中目标后，还具有助燃的作用。其中，"标准"SM-2ER改4型导弹为最新型，具有垂直发射能力，它于1992年装备部队。"标准"导弹从发射到制导全部实现了自动化。首先，它采用的是标准的MK41垂直发射系统。该系统由弹库和发射控制系统两部分组成。弹库安装在舱面以下，它由若干个大小相等、形状相同的基本弹舱组成。

图118

弹库的大小是根据军舰的需要和甲板空间而定，有可装 61 枚导弹的标准弹舱库和可装 29 枚导弹的四弹舱弹库。如"阿利"级导弹驱逐舰首部装一个四弹舱弹库，尾部装一个标准弹库，共携带 90 枚导弹。

该导弹发射控制系统由两个发射控制单元和电传打字磁带机，以及输入／输出等外围设备及控制台等组成，它通过数据传输线路和接口装置与舰上的"宙斯盾"自动化防空指挥系统相连接。当搜索跟踪雷达和导弹制导雷达发现目标时，迅速将信息传送到舰上的指挥控制中心，做出判断后，向 MK41 发射系统发出攻击指令。此时，MK41 发射系统立即进行弹舱和弹室选择，导弹接通电源，发射舱盖和烟道舱盖自动打开，发动机瞬间点火，达到临界推力后，导弹与发射箱的制动销脱落，导弹便从发射箱前盖射出。同时，发动机推力将发射箱后盖冲开，燃气流入排气室，通过垂直烟道排出。

导弹飞出一段时间后，发射舱盖就自动关闭。这种垂直发射系统可以全向发射，没有盲区，而常规导弹发射装置发射扇面只有 90°；而且垂直发射系统反应时间短，发射率高，常规发射装置反应时间最快 14 秒，发射速度为 12 发／分，而垂直发射系统的反应时间小于 4 秒，发射速度为 1 发／秒。

当导弹发射后，接收"宙斯盾"（图 119）防空指挥系统相控阵雷达的编码脉冲信号进行中段制导。导弹寻的的最后阶段由火控系统照射雷达

图 119

提供末端制导。由于舰上设置的 4 个火控雷达均由计算机控制,因而它可以同时制导 18 个目标。

法国"飞鱼"AM39 式空舰导弹

在 1982 年的英国、阿根廷的马岛战争中,阿根廷空军以一枚"飞鱼"空舰导弹一举击沉了英国现代化的大军舰,成为世界上第一种在实战中击毁军舰的空舰导弹。

法国航天公司研制的超低空掠海飞行的"飞鱼"AM39 式空舰导弹(图120),是在"飞鱼"AM38 式舰舰导弹的基础上发展起来的,用来装备直升机和固定翼飞机,以攻击各种水面舰艇。1972 年开始研制,1980 年开始服役,并已销往许多国家。自 20 世纪 80 年代以来,该导弹系列多次在战争中运用,并为空舰导弹的发展历史留下了最辉煌的一页。

图 120

1982 年英国和阿根廷在马尔维纳斯群岛爆发了战争。5 月 4 日这天,阿根廷的一架 P-2V"海王"式水上巡逻飞机发现了英国"赫尔墨斯"号航空母舰和"谢菲尔德"号驱逐舰。阿根廷立即出动两架法制"超级军旗"攻击机携带"飞鱼"AM39 式反舰导弹,去攻击这两艘英国军舰。阿飞行员凭借高超的技术驾机掠海面飞行。这样的高度,再先进的雷达也难以捕捉到目标。为了做到完全隐蔽,飞行员还关闭了机载雷达,以避开英舰雷达的探测。

当飞机在距英舰 46 千米的距离时,迅速爬升到 150 米,短暂地打开雷达对英军舰只定位,并迅速将目标数据输入到机载"飞鱼"式导弹计算机程序系统，然后再降到低空。在大约 43 千米距离上，两架飞机都发射了导弹，飞机则急转弯并降至 30 米高度，退出了敌舰防空导弹杀伤区。

"飞鱼"导弹（图 121）在距离海平面近 15 米的高度上以亚声速飞行，其主动雷达导引头在 12 ~ 15 千米处捕捉到了这个长 125 米、满载排水量为 4100 吨的庞然大物。此时，"谢菲尔德"号驱逐舰毫无察觉，仍以 30 节的航速在海面上悠然地行驶。导弹飞行大约 2 分钟时间，其中 1 枚导弹在命中前的 4 秒钟才被"谢菲尔德"号舰桥上警戒的一个监视哨发现，但

图 121

为时已晚，伴随着舰长一声"全舰注意隐蔽"命令声，一枚导弹在吃水线以上不到 2 米的地方穿进了工作室，并在舰体内的机械操作和装备中心爆炸。另一枚导弹可能因制导系统故障而坠入海中。

霎时，火光如闪电，炸声如响雷，剩余的导弹燃料与舰上的电缆和油漆一起燃烧起来，"谢菲尔德"号驱逐舰陷入一片火海之中。在舰长的指挥下，全舰官兵同大火奋勇搏斗。但此次打击是灾难性的，舰上的电力和动力系统全部遭到破坏，消防系统严重破坏，军舰已失去自救能力。无奈之下，舰长不得不下令放弃军舰。全舰 20 人死亡，24 人被烧伤。

每发价格仅为 20 万美元的"飞鱼"导弹，竟使一艘价格在 2 亿美元的现代化驱逐舰葬身大西洋底，真是不可思议。"飞鱼"导弹首战告捷，身价倍增，每枚售价爆增至 100 多万美元，一时间竟成为国际军火市场上

图 122

的抢手货。

"飞鱼"AM39 导弹（图 122）弹长 4.69 米，弹径 0.35 米，翼展 1.004 米，发射质量 650 千克，射程 50 千米，巡航速度为马赫数 0.93，弹头重 165 千克，采用惯性和主动雷达寻的制导。导弹的动力装置由助推发动机和固体燃料续航发动机组成。助推发动机通过迅速燃烧，并在 2 秒内使导弹由静止状态加速到亚声速状态；其续航发动机产生的高压气体可经过一导气管排至弹尾中心的续航发动机喷嘴，能使导弹以大约马赫数 0.93 的速度持续飞行 150 秒。因此，空射"飞鱼"的发射方式比较独特。

发射时，"飞鱼"导弹先自由下坠大约 1 秒钟，使其离开机体大约 10 米后，助推发动机才点火工作，使导弹以超声速向前飞行，在降至海面上空 10 ~ 15 米之后，再点燃续航发动机，以亚声速巡航飞行，此阶段由惯性导航，最远可达 30 千米；当进入导弹主动雷达寻的距离时，导弹下降至 2 ~ 5 米，接着以 2 米左右高度接近目标，最后掠海飞行攻击舰船水下部位。

"飞鱼"导弹的战斗部为半穿甲型，重 165 千克，内装 65 千克高能炸药，采用延迟和近炸双重引信。

俄罗斯"扫帚"SS-N-1 舰舰导弹

俄罗斯海军第一代舰舰导弹"扫帚"SS-N-1 导弹（图 123），是世界上最早使用的舰舰导弹。它是在德国 V-1 巡航导弹的基础上发展起来的，主要用于攻击航空母舰、大型水面舰艇、港口和海岸目标。1958 年装备部队。

图 123

　　"扫帚" SS-N-1 舰舰导弹弹长 7.6 米，弹径 1 米，翼展 4.6 米。发射质量 3200 千克。有效射程 22 千米，最大射程 185 千米。巡航高度 300 ~ 3000 米，巡航速度为马赫数 0.9。采用无线电指令加红外线末制导。战斗部分为常规战斗部和核战斗部。常规战斗部重 750 千克，核弹头当量为 1000 吨级。动力装置为一台涡轮发动机和一台固体火箭助推器。采用可瞄准式双轨发射架，该发射架长 17 米，宽 4 米，从甲板至发射架顶高约 5.5 米。

俄罗斯 SS-N-7 舰舰导弹

　　SS-N-19（图 124）是俄罗斯研制的一种远程超声速掠海飞行的多用途反舰导弹，属于 SS-N-12 "沙箱" 导弹的后继型。该导弹也是世界上第

图 124

一个速度大于马赫数 2 的远程掠海飞行反舰导弹，主要用来攻击航空母舰和大型水面舰艇。它于 20 世纪 70 年代初开始研制，1979 年装备部队。该导弹最先装备在"基洛夫"号核动力战略巡洋舰上，1982 年装备在新建的"布勒克抗"号巡洋舰上。

该导弹弹长 10.5 ~ 11 米，弹径 0.8 ~ 1.1 米，翼展 2.6 米，折叠后 1.6 米，发射质量 5 ~ 7 吨。有舰外制导设备时，射程大于 500 千米；无舰外制导设备时为 55 千米。飞行速度大于 2.5 倍声速。巡航高度 70 米，末段掠海高度 10 ~ 20 米。制导方式为惯性中制导加主动雷达或被动红外末制导。战斗部有两种：常规战斗部重 1000 千克；核战斗部的 TNT 当量为 35 万吨级。动力装置为一台涡轮喷气发动机和两台固体助推器。

俄罗斯 SS-N-7 舰舰导弹

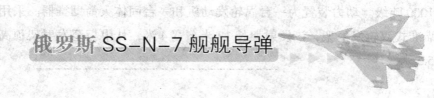

SS-N-7 舰舰导弹（图 125）是俄罗斯海军第一代水下发射和巡航潜舰导弹，又名"海妖"导弹，也是世界上最早的水下发射反舰导弹。它是在"冥河"SS-N-2 导弹的基础上发展来的一种巡航导弹。其外形像无人驾驶的"米格"飞机，主要用来攻击水面各种舰艇，装备在俄罗斯海军的 12 艘 C-1 级核潜艇上，共装备了 140

图 125

枚。在水下 20 ~ 40 米发射导弹时，此时潜艇的航速为 8 ~ 18 节，导弹从 45° 倾角爬升到水面，出水后再爬高到 150 米后下降到 30 米巡航飞行，最后向目标俯冲。

该导弹与 C-1 级核潜艇构成潜舰导弹系统。C-1 级潜艇的排水量为 5000 吨，水下航速 28 节。该潜艇装备了先进的声呐设备，探测距离为 50 千米，这种潜舰导弹系统是俄罗斯争夺制海权的重要武器。

该导弹弹长 6.7 米，弹径 550 毫米，发射质量 3500 千克，最大射程 100 千米，最小射程 10 千米。巡航高度 30 米，巡航速度为马赫数 0.95。制导体制为自控加主动雷达或红外寻的制导。战斗部重 500 千克，内装高能炸药。也可装核弹头，其 TNT 当量为 20 万吨。

俄罗斯 SS-N-13 潜舰导弹

SS-N-13 潜舰导弹是苏联海军于 1969 年制成的多级弹道式战术潜舰导弹（图 126），也是世界上第一种也是唯一的弹道式远程反舰导弹，可用来攻击航空母舰和大型水面舰艇。1973 年，苏联海军又对它重新进行试验。原计划将它装备于 Y 级核动力潜艇，后因故没有装备。

SS-N-13 反舰导弹弹长 10 米，弹径 1 米。它的射程为 185 ~ 1100 千米，飞行速度为 4 倍声速，弹道最高点为 300 千米，采用水下垂直发射方式。

图 126

制导方式为惯性制导加主动雷达寻的制导。它的战斗部为核弹头，其动力装置为两级液体火箭发动机。导弹的目标探测、跟踪设备在弹道最高点的 300 千米高空开始工作，对预定海域进行搜索，可捕获离瞄准点 65 千米以

内的目标。捕获目标后，用工作 5 ~ 15 秒的控制火箭修正导弹的飞行弹道，到载入体分离时再次修正，最后直接飞向目标。

意、法 "奥托马特" I 反舰导弹

"奥托马特"（图 127）I 反舰导弹是意大利和法国联合研制的中程反舰导弹，也是世界上第一个采用小型涡轮喷气发动机推进的超视距作战的反舰导弹，主要用来攻击大中型水面舰艇。

图 127

1968 年意大利和法国分别开始研制，1970 年两国开始联合研制，1977 年定型生产。这种导弹除装备法国和意大利海军外，还出口埃及、英国、利比亚、秘鲁等国。1983 年，"奥托马特" I 导弹已发展了 "奥托马特" 岸舰型导弹，正在发展空舰型。由于法国和意大利两国都享有独立的生产权

和出售权，两国又逐步实现国产化，因而形成了意大利 "奥托马特" 导弹和法国 "奥托马特" 导弹。

"奥托马特" 导弹弹长 4.82 米，前段弹径 400 毫米，后段弹径 460 毫米，翼展 1.196 米，发射质量 770 千克（无助推器的为 550 千克）。有效射程 60 千米，最大射程 80 千米。飞行速度为马赫数 0.7 ~ 0.93，巡航高度 30 米。在有效射程下命中概率为 90%，最大射程下命中概率为 80%。可全向发射，反应时间 30 秒。采用惯性加主动雷达末制导体制，导引头搜索距离为 6 千米。战斗部采用半穿甲爆破型，重 210 千克，装药 65 千克。动力装置采用两台固体助推器和一台涡轮喷气发动机。发动机长 1.36 米，

直径 410 毫米，起飞推力 3777 牛，续航工作时间为 30 分钟。助推器直径 202 毫米，工作时间 4 秒。

英国"海标枪"舰空导弹

"海标枪"（图 128）导弹是英国研制的第二代舰空导弹，主要用于拦截高性能飞机和反舰导弹，也能有效攻击水面目标。1962 年 8 月开始研制，1965 年进行发射试验，1967 年 11 月开始生产，1973 年装备部队。在 1982 年英阿战争中，英国将 94 枚"海标枪"导弹分别配置在"无敌"号航空母舰、"布里斯托尔"号轻型巡洋舰以及"谢菲尔德"、"格拉斯哥"、"南安普敦"和"考文垂"号驱逐舰上。"海标枪"导弹曾成功击落阿方 5 架飞机和 1 架"美洲豹"直升机。在海湾战争中，英军用该导弹成功地拦截了伊拉克的反舰导弹，创造了首次反导战例。

图 128

该导弹弹长 4.36 米，弹径 0.42 米，翼展 0.91 米，导弹全重 550 千克，最大飞行速度为 3.5 倍声速。战斗部采用预刻槽式破片战斗部及无线电近炸引信，杀伤半径为 9 米。导弹的最大作战半径 70 千米，最小作战半径 4.5 千米，作战高度为 0.03 ～ 22 千米，反应时间为 13.5 秒，制导体制采用全程半主动雷达寻的，发射方式为双联倾斜发射架发射。动力装置中的助推器为固体发动机，主发动机为推力可变的液体冲压喷气发动机。导弹平时存放在有空调的弹舱内。

法国"飞鱼"MM40 舰舰导弹

　　"飞鱼"MM40 导弹（图 129）是法国研制的一种高亚声速、掠海飞行、超视距作战的反舰导弹，主要用于攻击各种水面舰艇。该导弹是当时世界上销量最大、用于实战最多的一种导弹。它是在"飞鱼"MM38 和"飞鱼"MM39的基础上以较小的费用研制而成。1973 年开始研制，1980 年完成鉴定试验，共试射 110 枚，成功率为 92.7%，1981 年开始服役。后来，"飞鱼"导弹

图 129

发展了多个型号，可以潜射、舰射、岸射和空射，除法国自己装备以外，还出口英国、德国等几十个国家。

　　该型导弹多次参加实战，尤其是在 1982 年的的英阿马岛之战中，阿根廷空军就是用"飞鱼"导弹（图 130）击沉英国"谢菲尔德"号驱逐舰和重创"格拉摩根"号驱逐舰的。此外，在两伊战争和海湾战争中也曾被多次使用过，

并且取得了非常好的作战效果。据实际统计，其可靠性和命中概率均高于相应的设计值，分别高达93%和95%。

"飞鱼"导弹采用触发延时和近炸双重引信，可以"发射后不用管"，全天候作战。中段采用简易惯性制导，末段采用主动雷达导引。战斗部为半穿甲爆破型，重165千克。动力装置采用一台固体火箭主发动机和一台固体火箭环形助推器。其所用固体火箭

图 130

图 131

主发动机比"飞鱼"MM38导弹（图131）有较大的改进。

导弹全长5.8米，弹径0.35米，翼展1.135米，尾翼展760毫米，全弹重855千克。最大射程70千米，飞行速度为马赫数0.93，弹道最高点不超过60米，标定值为30米，巡航高度为15米。

俄罗斯"投球手"X–31 空舰导弹

"投球手"X–31导弹（图132）是俄罗斯于20世纪80年代末研制成功的一种世界上射程最远的空舰导弹，其最大射程300千米以上。在海湾战争中，多国部队成功地使用"企鹅"、"小牛"、"海鸥"等空舰导弹横行于海湾，形成了以空制海的局面。由于空舰导弹的出色表现，使它一

图 132

跃成为"以空制海"的一张"王牌"。然而,随着各种反导弹技术,特别是反导导弹的迅速发展,使空舰导弹遇到了严重的突防问题。于是在 20 世纪 80 年代初,各国便开始了研制新一代导弹的工作。

俄罗斯的"投球手"X-31 导弹的研制成功,正好弥补了空舰导弹的不足。该导弹的最大特点是动力装置采用火箭和冲压式组合发动机,使射程可达 70 ~ 100 千米,飞行速度可达 3 倍声速,一般的防空火力很难对其实施拦截。

这种导弹全长 5.2 米(A 型),弹径 0.36 米,全弹重 600 千克。战斗部重 150 千克,小型军舰命中一枚即可被击沉。俄罗斯正在将这种导弹改为反预警机的空空导弹。美国已采购一批这种导弹作为研究之用,并已仿制出类似的靶弹提供给军方。

美国"阿斯洛克"舰潜导弹

这是一种由水面舰艇发射的近程弹道式反潜导弹(图 133),也是世界上装备最多的一种反潜导弹。该导弹于 1956 年 6 月开始研制,经过三年多的时间,进行了成功发射试验后才正式投入生产。"阿斯洛克"导弹从

图 133

ZHANGZHE YANJING DE DAODAN

1961年夏天起开始装备美国海军驱逐舰、护卫舰和巡洋舰，日本的"天津风"号驱逐舰（图134）装备的也是这种导弹。

图134

导弹弹长4.57米，弹径0.337米，全弹重486千克，最大射程8千米，飞行速度近似声速。导弹弹体呈圆柱形，弹体分为两段，前段是鱼雷，后段是火箭发动机，具有十字形尾翼。制导与控制装置在导弹发射后按无控弹道飞行，由舰载声呐测定目标位置。战斗部为音响寻的鱼雷或核深水炸弹。动力装置采用固体火箭发动机。

图135

在作战时，目标潜艇的航向、距离和速度由舰上计算机在声呐发现潜艇后的几秒钟内算出。八联装的标准发射架或改进的双联装"小猎犬"导弹发射架对准目标，于是，舰上司令官选定装有最合适的战斗部的导弹，并把它发射出去。在飞向目标的航线上，"阿斯洛克"导弹（图135）按预定的信号抛掉其火箭发动机。然后，绑住弹体的一条钢带被一小的炸药炸开。于是，弹体降落，让深水炸弹落入水中，或用降落伞使鱼雷减速，降至水面。

第四章 反舰导弹

111

长着眼睛的导弹

美国"捕鲸叉"舰舰导弹

"捕鲸叉"导弹（图136）是美国研制的一种亚声速全天候中程巡舰战术反舰导弹。由于该导弹具有良好的作战使用性能，因此，它是目前世

图 136

界上装备最广泛的反舰导弹，仅美国就有 234 艘战舰已装备或等候装备这种导弹。有多达 16 个国家已装备或等待装备该型导弹，其中亚洲国家主要集中在日本等国。它是由麦克唐纳公司、道格拉斯公司于 1972 年开始为美国海军研制的，1981 年开始装备潜艇。整个武器研制计划由美国海军空中系统司令部管理并得到海军军械系统司令部的支持。这意味着"捕鲸叉"导弹（图137）能够从飞机和军舰上发射以攻击军舰等目标，并具有较远的射程。该型导弹已多次参加过实战。在海湾战争中，美军所有参战舰艇都装备有"捕鲸叉"导弹。

目前，已装备或正在装备该导弹的攻击型核潜艇有"鲟鱼"级、"长尾鲨"级、"一角鲸"级、"科普斯

图 137

科姆"级和"洛杉矶"级。一艘战舰上装备 2 个四联装箱式发射装置,配备 8 枚导弹,个别大吨位级别的战舰有 4 个发射架,配备 16 枚导弹。1982 年,潜射"捕鲸叉"导弹开始向英国、日本出售,英国还获得其生产权。导弹的单价略高于 92.4 万美元。导弹装在浮力运载器内,通过鱼雷管投射,出管速度达 15.24 米／秒。在浮力作用下,以 45° 倾斜角爬升到水面,出水时导弹助推器点火,导弹以 10G 的加速度射出。助推器脱落后发动机启动,控制系统开始工作,使导弹转为巡航飞行。运载器长 6.25 米,直径 530 毫米,重 400 千克,净浮力为 2668 牛。

该导弹弹长 4.581 米,弹径 344 毫米,发射质量 667 千克。最小射程 11 千米,最大射程 110 千米。巡航高度中段为 61 米,末段为 15 米,巡航速度为马赫数 0.75。鱼雷管水平发射,发射深度从潜望镜深度到水下 30 ~ 50 米。采用宽频率捷变主动雷达导引头和先进的计算机逻辑电路,以提高抗干扰能力。该导弹具有末段突然跃升而后俯冲攻击目标的能力。

制导体制为中段惯性制导和末段主动雷达寻的导引。采用 MK-113 或 MK-117 后控系统,其主动声呐定向探测距离可达 65 千米,全向探测距离达 15 千米;被动声呐全向探测距离达 176 千米。

战斗部为半穿甲爆破型,重约 230 千克,配以延迟触发和近炸引信。动力装置采用固体助推器和涡轮喷气发动机。

中国 "海鹰" 舰舰导弹

1967 年 8 月 2 日,中国研制的第一枚舰舰导弹——"上游"1 号(图 138)生产定型。随着科技水平的不断提高,"上游"导弹也不断改进,改进后的导弹被命名为"海鹰"舰舰导弹。从此,我国第一代舰舰导弹诞生了。

图 138

    1960 年初，中国海军导弹的研制跟其他军兵种同时起步。当时刚好从苏联引进一种"冥河"式导弹正要上马，恰巧遇到三年自然灾害，国家陷入极端艰难的境地，然而中央军委却下令坚持用仿制"冥河"式导弹的方法来研制自己的舰舰导弹。于是，海军立即组织试验基地，南昌飞机制造厂被确定为仿制单位，李同力、吕琳先后为总设计师。他们在荒无人烟的山谷海湾里，开始了艰苦的仿制工作。

    这种仿制的导弹称为"上游"舰舰导弹（图 139）。1963 年 10 月开始试制。1964 年底，科研人员冒着摄氏零下 20 多度的严寒，在西北沙原上展开了陆上模型弹的试验，接着又进行了海上模型弹的试验、陆上全弹试验，各项试验均成功地获得了全部所需数据。1966 年开始海上发射试验，主要验证一下全弹在海上发射时结构的完整性，同时检查导弹的飞行性能及控制系统，主发动机电器设备等各个系统的工作状态是否正常。同年 8 月完成飞行试验。11 月进行了定型试验，并取得 9 发 8 中的优异成绩。从此，结束了中国不能生产海防导弹武器的历史，翻开了我国海军装备发展史上新

图 139

的一页。

由于当时的技术水平有限，该导弹还存在许多缺点，比如弹体笨重，液体燃料推动力小，抗干扰能力差，飞行高度等都不理想。尤其是"冥河"导弹的实战应用结果带来了一定影响。1967年10月，埃及首次使用"冥河"导弹击沉以色列驱逐舰"埃拉特"号后，而到1973年，由于以色列采用了电子干扰系统，导致埃及发射的50枚"冥河"导弹无一命中目标。为此，我国科技人员总结了国内外的经验，对仿制的"上游"导弹进行了一系列的技术改进。这些改进主要有以下几个方面：

（1）为增强导弹本身的电子对抗能力，陆续研制成功并换装了多种末端制导头，因而相应地发展了几种改进型导弹；

（2）改装无线电高度表，提高了导弹的低空突防能力；

（3）把液体燃料贮箱改为承力式，以增加燃料的储量，加大动力，提高了导弹的有效射程；

（4）开展了海浪特性研究，以增强导弹适应恶劣作战环境的要求；

（5）向多种装载平台发展，以便适应岸防、舰载、机载等多种平台使用；

（6）对液体燃料预包技术进行研究，为长期有效贮存开辟新途径；

（7）火控系统采用电脑控制，从而提高了系统工作的可靠性。

图140

接着，我国又建立了海防导弹研究机构，形成了比较完整的研究生产线，同时锻炼和培养了使用部队和试验部队，并装备了我国第一个反舰导弹系列。随后，我国又研制出"海鹰"1号（图140）等舰舰导弹，形成了各种型号、不同性能的舰舰导弹系列。

Part 5
反坦克导弹

　　反坦克导弹是指用于击毁坦克和其他装甲目标的导弹。是反坦克导弹武器系统的主要组成部分。和反坦克炮相比，重量轻，机动性能好，能从地面、车上、直升飞机上和舰艇上发射，命中精度高、威力大、射程远，是一种有效的反坦克武器。

俄罗斯"柯涅特"-E型反坦克导弹

俄罗斯研制的远程反坦克导弹（图141）"柯涅特"-E型，是穿透装甲最厚的导弹。据称，它可以穿透1000～1200毫米厚的均质钢装甲。它虽不像已在阿富汗战争中用过的米基斯-M导弹，但从性能上看已属于世界领先水平。用它的总设计师吉洪诺夫的话说，"柯涅特"-E型反坦克导弹的战斗部已经可以摧毁当今世界上已有的以及在可预见的未来将出现的坦克。

图141

米基斯-M反坦克导弹（图142）是一种十分轻便、容易携带的反坦克导弹。导弹连同包装、发射筒仅重13.8千克，发射架连同瞄准制导装置才重10千克。而"柯涅特"-E反坦克导弹的质量及威力都比米基斯-M

图142

更大，尤其是射程更远，达5500米。它无需采用世界上流行的从上方攻打坦克顶部的方法，只要从正前方击穿坦克的斜置装甲以及外挂或内置的"动态装甲"，即对坦克前方最厚、最结实的地方直接攻击就可以了。

"柯涅特"-E型反坦克导弹的制导系统是很先进的，它采用的是激光驾束半主动制导方式，还配有红外热成像仪。作战时，射手用热成像瞄准具跟踪目标，向目标发射一种激光束，导弹就沿着激光束飞行，在激光束的导引下命中目标。

"柯涅特"–E 型反坦克导弹虽然比米基斯 –M 导弹重，但也很轻便，比较容易携带。它可以方便地分解成几个部件，用人力携带就可以。它既可以装在三角架上发射，也可以装在步兵战车上作为车载武器系统使用。

美国"龙"式反坦克导弹

"龙"式反坦克导弹（图143）是由美国麦克唐纳·道格拉斯公司研制的。这种导弹研制之初是用来代替90毫米无坐力炮的，其射程和精度方面都远远超过了无坐力炮。再加上其弹体短小，易于携带，因此被称为世界上最矮的导弹。

"龙"式反坦克导弹最先称为中型反坦克—突击武器。它是美军1974年装备的第二代单兵便携式、肩射反坦克导弹，主要用于中距离反坦克，可攻击坦克、步兵战车和其他装甲车辆，也可攻击野战工事。

该导弹动力装置为数对小固体火箭发动机，沿弹体周围成行排列。它的弹体呈圆柱形，弹长为0.74米，弹体直径为114毫米。近尾部处呈锥形，具有短卵型的头部。在导弹的尾部有三个弯曲的折叠尾翼，翼展为33厘米，在发射后可自动弹开。"龙"式反坦克导弹有足够大的战斗部，并可携带高能炸药2.4千克，能摧毁大多数带装甲的和其他的步兵目标。其射程为

图143

图 144

60 ~ 1742 米，发射质量为 6.13 千克，垂直破甲厚度为 500 毫米。它的制导与控制由自动指令视线瞄准系统进行有线制导，并由弹体周围侧向推进器控制。

由于该导弹质量很小，只需一人即可携带并发射（图 144）。发射时，步兵首先把跟踪器装在导弹发射筒上，它包括望远镜瞄准器、探测装置和电子组件。它的玻璃钢发射筒同时也是一个导弹的密闭容器，供运输和贮存用，容器的尾部增大用来形成推进剂容器和后腔。在瞄准器捕获目标后，跟踪器就感受到导弹与瞄准线的相对位置，并及时发出信号使导弹保持或修正飞行航线。通过点燃相应的各对火箭发动机或者侧向推进器，来实现对导弹的推进和控制。

"龙"式反坦克导弹（图 145）于 1964 年开始研制，1968 年中期开始肩扛发射试验。1971 年作了使用试验，直到 1972 年才正式投入批量生产，它主要用于装备海军陆战队和陆军。

图 145

"米兰"反坦克导弹

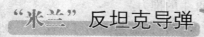

"米兰"导弹（图146）是第二代轻型便携式反坦克导弹武器系统，主要用于攻击坦克、装甲车辆和其他防御工事。这种导弹仅重6.65千克，是世界上最轻的导弹。它由法国航空航天公司战术导弹部和德国MBB公司组成的欧洲导弹公司研制而成。"米兰"导弹研制之初是专为步兵设计的，后来，经过进一步改进发展成车载发射装置，法国和德国分别于1972年和1974年装备部队。1983年开始对"米兰"进行改进，改进后的"米兰"称为"米兰"–2。后来，世界上装备"米兰"导弹的总数已超过20多万枚，销往37个国家，导弹的销售单价为3000美元，武器系统为3.7万美元。它曾多次用于局部战争和武装冲突，实战证明十分有效。

图146

"米兰"导弹采用光学瞄准与跟踪、红外测角技术，其设备主要有控制箱、弹架、三角架及发射点火装置。整个系统重15.5千克，长、宽、高分别为900毫米、420毫米和650毫米。筒装导弹长1.26米，导弹本身长755毫米，弹身最大直径为116毫米，战斗部直径为103毫米，翼展266毫米。弹重6.65千克，炸药重1.45千克，其中RDX弹药和TNT弹药的比例为3:1。导弹起飞质量为11.3千克，战斗部采用聚能破甲装置，重3千克。它的最大射程为2000米，最小射程为25米，导弹离开发射筒口的初速度为75米/秒，最大速度为200米/秒。射击精度按圆概率偏差计算小于0.5米。"米兰"原型的破甲厚度为690毫米；改进后的"米兰"–2破甲厚度为 850 毫米，但它抗烟雾与火光干扰的能力较差，不如"米兰"原型。

"米兰"导弹的动力装置为弹室双推力结构，外径 85 毫米，内装双基药。第一级增速发动机的装药燃烧 1.3 秒，可产生 275 牛的推力；第二级续航发动机的装药燃烧 11 秒，可产生 108 牛的推力。

在机动方面，最小转弯半径为 500 米。武器系统的可靠性大于 95%。最大射程上的发射速度大于 3 发／分。"米兰"在发射前的准备时间小于 50 秒。飞行 2000 米的时间为 12.5 秒，飞行 1000 米的时间为 7.3 秒。

图 147

"米兰"武器（图 147）系统用于地面发射时，由两个人就可以完成发射任务。其中，射手带一套发射制导装置，助手携带两发弹药（其余弹药由车或直升机运输）。当该系统用于车载发射时，可将三角架装在车顶，也可装在车体内，还可利用 MCT 炮塔，这三种发射方式都是适用的。当这一系统用于机载发射时，可将其装在"小羚羊"轻型直升机上。

"米兰"武器系统经过 1983 年第一次改进后，后来 MBB 公司又为"米兰"研制了一个双重战斗部，其特点是有一个可以伸缩的、保证最有力炸高的长探针，探针前端有一个大于 30 毫米直径的空心装药装置。

对于整个"米兰"导弹的综合性改进方案的具体内容如下：

（1）给现有导弹装上一个固体激光近炸引信，从而可使弹径为 103 毫米和 115 毫米的战斗部的破甲性能提高 25%～30%；

（2）为未来的导弹发展最佳化的 3 千克的战斗部，以攻击复合装甲、多层间隔装甲和反爆炸装甲；

（3）为减少对先进的自卫系统（假目标）所施放红外诱饵的敏感性，且避免导弹红外背景烟雾的影响，装备与"陶"–2 相同的模块式红外信标，或装备与"比尔"相同的编码式激光二极管；

（4）用数字式设备取代现有的模拟定位器、制导指令发射装置和译码器。这样可使平均故障间隔时间增加一倍，并可提高导弹接受指令的敏感度，减少导弹及其发射装置的质量；

（5）使用无烟火箭发动机，将大大增加最低有效射程，提高自身的隐蔽性；

（6）减轻导弹贮弹箱的体积和质量；

（7）用凯夫拉或碳复合材料代替导弹发射装置的铝支架、三角架和制导指令发射装置盒，可使质量减轻 2.2 千克；

（8）采用电制冷的热成像仪，它比原来的光学瞄准具的体积小，且质量减轻 1/3，还可简化后勤设备。

法国 SS-10 反坦克导弹

由法国北方航空公司研制的 SS-10 导弹（图 148）武器系统，是世界上最早装备部队的反坦克导弹之一。

它的最大飞行速度为 285 千米 / 小时（79 米 / 秒），是世界上飞行速度最慢的导弹。这种导弹于 1956 年装备部队，主要用于攻击坦克、装甲车、碉堡等地面硬目标，后来发展为吉普车和直升机载反坦克导弹。在 1956 年中东战争中，以色列陆军使用 SS-10

图 148

导弹攻击了埃及的装甲车辆，获得成功。法国、瑞典和德国等许多国家都用它作为步兵的标准武器。在一段时期内，SS-10 导弹的每月生产量达450 ~ 500 枚。虽然它早已被新型导弹代替，但在 20 世纪 70 年代初，至少还有 9 个国家在他们的武器清单上仍有 SS-10 导弹的名字。

SS-10 反坦克导弹弹长 0.86 米，弹体直径 16.5 厘米。弹体呈圆柱形，头部为钝圆卵形。后部有十字形弹翼，翼展 0.75 米，每一翼的后缘根部带一小的控制翼面。其动力装置为两级固体火箭发动机。制导与控制系统采用目视瞄准与跟踪，有线指令制导。战斗部重 5 千克，破甲厚度 420 毫米，最大射程 1600 米，全弹重 14.8 千克。该导弹通常采用盒状容器作为发射架从地面发射，但也能有效地从吉普车、轻型飞机和直升机上发射。

美国 "橡树棍" 反坦克导弹

由美国飞歌—福特公司研制的 "橡树棍" 轻型反坦克导弹（图 149），属于第二代反坦克武器系统。它可以用红外指令制导，直接瞄准射击，还可以从火炮发射器中发射，是世界上最早用火炮发射的导弹。该发射器不但能发射导弹，还能发射一般的火炮弹药，这是极为罕见的。由于导弹射程远、命中精度高，因而它又成为坦克和其他装甲车辆的一种理想武器。

图 149

该导弹于 1958 年进行可行性研究，1964 年生产出少量产品，1966 年进行定型试验，于 1967 年装备在美国陆军的通用 "谢里登" 公司制造的 APV 型装甲车上。从 1968 年开始批量生产，并远销海外。到 1971 年共生产该型导弹 88 104 枚。1972 年，飞歌—福特公司又对该武器系统进行了改进。

这种导弹主要用于地面攻击坦克和装甲车辆（图 150）。它可以装备在 M551 "谢里登" 轻型坦克和 M60A2 坦克上，也可以装在 MBT-70 中型主战坦克上。导弹的发射制导装置是由坦克上的 152 毫米两用火炮发射器和红外指令制导系统组成。火炮安装在坦克回转炮塔上。红外指令制导系统由红外信号发生器、信号数据转换器、调制器、射手瞄准具／红外跟踪器、测试面板、电源、炮塔速率传感器组成。这些装置均装在坦克车厢内。

图 150

　　"橡树棍"导弹由战斗部、电子舱、发动机和尾段四部分组成。弹体呈圆柱形，头部为球形，尾部带 4 个微后掠弹出式尾翼。导弹长 1.14 米，弹径 152 毫米，翼展 290 毫米，发射质量 27 千克，最大射程为 3000 米，破甲厚度 500 毫米。弹上的制导与控制系统包括：电子组件、陀螺仪、红外接收器、燃气喷气反作用系统和曳光管等。动力装置采用单级固体火箭发动机，而导弹的发射是靠火炮外动力进行的。当导弹飞离炮口时，发动机点火，工作时间为 2 秒左右，可把导弹加速到最大速度。战斗部采用聚能破甲战斗部，重 6.8 千克。当导弹命中目标时，引信随即将战斗部引爆。

　　导弹发射后，射手只需将目标保持在望远镜瞄准器的十字线中心即可。与瞄准器相连的红外导弹跟踪／指令系统能发现和校正导弹飞行的航线与目标瞄准线之间的偏差。"橡树棍"导弹具有较大的火力，可以用来对付

图 151

各种类型的装甲车、步兵和工事等目标。美国贝尔公司曾将这种导弹在 UH–1B 直升机上进行过空地发射试验，当时采用的是一种稳定瞄准器。

该武器系统也有许多不尽如人意之处。在低温条件下，发动机的喷气凝结影响红外指令的接收，有时还出现早炸现象，从而降低了导弹的可靠性能。因此，1975 年开始研制改良型"橡树棍"导弹，用激光导引头与激光发射器取代原来的红外制导系统。第二年，在改型的 M551"谢里登"（图 151）和 M60A2 坦克上试验并获得成功。改进型的"橡树棍"反坦克导弹于 1980 年 6 月开始小批量生产。

美国"海尔法"反坦克导弹

这是一种射程最远的第三代重型反坦克导弹，由美国罗克韦尔国际公司研制。它可由直升机机载发射，主要配备于 AH–64 武装直升机上，也可由地面车辆发射，用来攻击坦克、装甲车辆和其他坚固的点目标。可全天候使用，能在正常战场烟尘和小雨、大雾中锁定目标。由机载发射的最大射程为 7000 米，是当前世界上射程最远的反坦克导弹。它的最大速度为

图 152

1 倍声速，命中概率大于 90%，破甲威力达 1400 毫米。该导弹于 1972 年开始研制，1984 年装备部队。同年，美国海军陆战队也用它装备了 44 架 AH–1T 直升机，海军舰队装备了 48 架 AH–1TS 直升机。1985 年具备初始作战能力。

"海尔法"导弹（图 152）由导引头、

战斗部、自动驾驶仪舱、发动机和作动系统组成。采用模块式设计方式，可选用不同的制导方式，配装不同的导引头。全弹长 1.779 米，弹径 177.8 毫米，翼展 330 毫米，发射质量 43 千克，贮存期限为 10 年。

该导弹采用半主动激光制导。制导系统由激光导引头、自动驾驶仪、作动系统组成，总重为 9000 克。导引头长 330 毫米，最大直径 152 毫米，重 5400 克。动力装置为单级固体火箭发动机。发动机外径为 146 毫米，长 943 毫米，推力为 18.6 千牛。采用双锥串联型聚能破甲装药战斗部，破甲厚度 500 毫米。

发射制导装置由机载发射系统和激光指示器组成。机载发射系统包括火控系统和发射架两部分组成。AH-64 武装直升机最多可挂载 16 枚"海尔法"导弹，它们分装在 4 个发射架上。发射架系铝制组合式，由电子装置和机械装置组成。武器系统由导弹、激光指示器、机载发射系统组成。导弹可用多种发射方式，如单个发射、快速发射、连续发射与组合发射。射手可根据实际情况，灵活选用最佳的发射方式。

"海尔法"（图 153）是一种先进的反坦克导弹。它可以间接发射，利用机载或地面激光指示器来确立目标，因此具有较强的抗干扰能力。该导弹不但命中精度高，而且还可以在夜间或不利的气候条件下对目标实施有效打击。

图 153

长着眼睛的导弹

法国"沙蟒"反坦克导弹

法国研制的小型、轻便、可供单兵携带的"沙蟒"反坦克导弹，简称ACCP，是世界上第一种近程便携式反坦克导弹。

图 154

1980 年，法国陆军为了研制一种能够取代正在服役的"斯特安"89毫米反坦克火箭筒，提出了发展超短程和短程反坦克武器的两项计划：根据这两项计划研制了"沙蟒"反坦克导弹。这种导弹的主要设计思想是，寻求一种简捷的方法，使新的反坦克武器具有这样的技术性能：可对付复合装甲（图154），基本型射程为300米，较复杂型的射程为600米，可对付快速运动的目标。此外，在具有极好精度的同时使导弹的质量保持在10千克以内，而且成本还要低，接近于无控反坦克火箭的水平，以便大量装备部队。设计思想中，还要求这种导弹具有"微型"的特点，并在近距离上具有火箭筒的性能，而在600米的距离上又要具有导弹的优点。

根据这一设计方案，航空航天公司同法国陆军于1984年签订了发展合同，然后立即进入研制阶段。如果该导弹部署计划得以实施，法国军队将成为世界上第一个在步兵中不装备其他反坦克导弹武器，而只装备反坦克导弹的军队。

这种武器抗干扰能力强，可出色地抗背景及人工干扰。它主要用来攻击近距离的坦克、装甲车辆。"沙蟒"导弹在包装筒内长950毫米，飞行状态下的弹长为840毫米，导弹直径150毫米。待发状态弹药重10.5千克，携带状态弹药重 11 千克。破甲装药战斗部重 3900 克。它的最大射程为 600 米，最小射程为 25 米。导弹的飞行速度为 100 米／秒，最大速度为 300 米／秒，发射准备时间小于 5 秒，发射速度大于 5 发／秒。

该导弹动力装置采用两级固体火箭发动机，功率小，其助推发动机推进剂不到 0.1 千克，推力小于 3500 牛；续航发动机推力小于 1000 牛。发射助推器重 80 克，工作时间不到 1 秒，可使导弹以 20 米／秒的离轨速度慢慢起飞。导弹发射时噪声小，后坐力弱。导弹离开发射筒 0.5 秒之后，续航发动机开始工作，三四秒之后可使导弹加速到 300 米／秒的最大速度。发动机为双基推进剂，燃烧室压力低、烟雾少、无毒。

该导弹破甲战斗部口径较大，其炸药柱直径大于 140 毫米。战斗部在弹体后部，可使静止炸高达到弹体直径的 3.4 倍。战斗部装药结构设计成串联式多级型，装药 3.5 千克，故破甲威力大，可穿透均质钢甲 900～950 毫米以上，能穿透俄罗斯 T-72 和 T-80 坦克的复合装甲，也能击穿坚固的贫铀装甲。引信为带有接触杆的触发式引信，安全保险距离大于 25 米。发射制导装置由发射架、连接盒、瞄准具、探测定位仪、三脚架、托盘及方位调整结构组成，整个装置结构简单紧凑。

"沙蟒"导弹可单兵携带并独立发射使用（图 155）。导弹平时就装

图 155

在密封的用于发射、包装和运输的筒内，它与三角架、瞄准跟踪装置一起装在同一背箱里，单兵背起即可进入运行状态。射手在 5～10 秒内可做好射击准备，并射向目标。射击的姿势多种多样，卧式、跪式、立卧式均可。射手通过瞄准具瞄准并跟踪目标，导弹即可沿着瞄准线自动飞向目标，直到命中为止。在近战、巷战和野战中，这种导弹均可使用。

"沙蟒"反坦克导弹除了装备法国陆军外，并向加拿大出口 20 000 枚。而且，加拿大国防部还在探讨与法国共同生产"沙蟒"导弹的可能性。

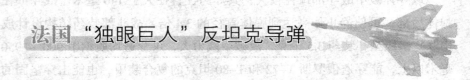

法国"独眼巨人"反坦克导弹

法国、德国联合研制的"独眼巨人"导弹（图 166），是世界上最早研制成功的光纤末制导反坦克导弹。自 1982 年以来，法国、德国成功地对"独眼巨人"导弹进行了一系列发射试验。这标志着该导弹的研制工作已进入到最后的定型阶段。20 世纪 90 年代中期这种导弹已装备部队服役。

图 156

随着光纤技术在导弹上的应用，使导弹可以根据需要用来打击非通视的敌方目标，且使作战距离大增，而且光纤制导导弹能在整个作战过程中充分体现人的意志：射手不仅能选择攻击目标，而且可转换攻击目标。由于射手可对攻击效果进行评估，故可避免多枚导弹共同打击一个目标之弊。因射手不必通视目标，则可在隐蔽之处打击伪装目标；又因发射装置的位置偏离进攻方向，故不易遭受伤害的威胁。此外，这种导弹还能从装甲防护薄弱的顶部攻击目标。基于上述优点，该导弹显然可以满足法国陆军欲使导弹具有打击战场纵深目标能力的要求。

"独眼巨人"导弹（图157）采用光纤传送目标、图像和控制指令，其头部装有红外热成像摄像机，在战斗部和动力装置之间安装有电子设备，而在尾段装有光缆绕组和控制组件。它可用来全天候精确打击各种移动和

图157

静止目标，射程达60千米。光纤的信息容量比普通导线大数千倍，使用时射手躲在安全的隐蔽阵地垂直地向空中发射。导弹从200米高的空中俯瞰战场和搜索目标，将战场情况通过光纤传递到地面发射阵地，经自动分析仪分析、处理后显示给武器系统操作人员。操作人员从显示屏上观察目标图像，经由光纤传送指令控制导弹攻击目标。采用这种制导方式的优点是：可将部分导弹上的控制器件转移到地面阵地，使导弹的成本大大降低。

应用了多种最新技术的"独眼巨人"导弹（图158）具有以下几个显著特点：

（1）精度高、能有效摧毁各种目标。该导弹具有全自动操作能力，

图158

可以"发射后不用管",也可进行必要的修正。操作人员可在任何时间对导弹进行控制,选择最佳攻击点。

(2)能及时评估目标毁伤程度。通过头部的摄像机和光纤传输,该导弹既能精确打击目标,同时又可立即得到杀伤评估结果,可为下一步攻击提供及时准确的打击依据。

(3)抗干扰能力强。该导弹能在严重的电子干扰、激光、红外干扰、烟雾环境、黑夜及不良气候条件下有效地攻击目标。

发射方式可采用垂直发射或大倾角的倾斜发射。导弹起飞后,可在一定高度转入水平巡航飞行,在接近目标时又可俯冲下来攻击目标。这种"拔高—水平巡航—俯冲"式,使"独眼巨人"有能力攻击那些在人工或天然屏障掩护下的目标,也有能力攻击远处的装甲目标,并可击穿防护较弱的装甲顶部。这种导弹还可用于侦察,如进攻之前用它探测目标和识别目标。

"独眼巨人"不仅可从地面、掩体后发射,也可从运输车上、直升机上发射。由于该导弹精度高、射程远、威力大、战场生存能力强,它刚一问世就受到许多国家的青睐。

俄罗斯"萨格尔"反坦克导弹

在1973年的第四次中东战争中,埃及军队使用苏联研制的"萨格尔"反坦克导弹(图159)大显神威,仅用3分钟,就一举击毁了以色列军队的王牌装甲旅的几乎全部坦克(共85辆坦克,其中2/3是被"萨格尔"导弹击中的,每辆坦克上至少有2个弹洞,有一辆坦克上竟穿了6个窟窿),使反坦克导弹成了打破坦克不可战胜神话的"英雄",引起了世界各国的关注。此后,许多国家便竞相研制反坦克导弹。

俄罗斯第一代便携式反坦克导弹——"萨格尔"导弹,主要供步兵使用。

1965 年，苏联用这种导弹装备摩托化步兵部队和空降部队，并在越南战场上大量使用过。

图 159

该导弹弹长 831 毫米，弹径 120 毫米，翼展 393 毫米，弹重 11.3 千克，武器系统全重 30.5 千克。战斗部为聚能破甲战斗部，重 2.5 千克。动力装置采用两级固体火箭发动机，前后分别为起飞发动机和续航发动机，装药为双基火药，比冲为 190 秒。

"萨格尔"导弹不仅用于攻击坦克和装甲目标，也可用来摧毁敌火力点和野战工事。其最大射程 3000 米，最小射程 500 米，平均速度为 120 米／秒。采用目视瞄准、跟踪及手动有线传输指令制导方式，破甲厚度可达 500 ～ 600 毫米。当射程为 500 米时，其命中概率为 60%，能穿透 150 毫米均质钢甲，穿透率达 90% 以上。最大射程时的射速为 2 发／分。

"萨格尔"导弹（图 160）属单通道控制的旋转导弹。战斗部为空心装药装置，它包括风帽组件、壳体组件和装药组件。装药组件包括主药柱、辅助药柱、隔板、绝缘内套、药型罩、导电杆和导电簧等。主药柱是用纯化黑索金压制的，重 0.148 千克。战斗部引信为全保险瞬发压电引信其瞬

图 160

发度为 20 ~ 30 微秒。发射装置由发射架、控制电缆、背箱三部分组成。发射架用于安装和支持导弹，提供射向和射角。

由于该导弹在俄罗斯第一代反坦克导弹中性能较好，有多种机动方式，故直至目前仍在前华约国家和一些阿拉伯国家服役。但它毕竟是第一代反坦克导弹，命中率不高，射手训练也很困难。为此，苏联自 20 世纪 60 年代末便开始转入研制第二代"萨格尔"导弹，并于 70 年代初装备部队。

图 161

改进型的"萨格尔"导弹（图 161）全长 0.975 米，弹径 0.125 米，全弹重 12.5 千克，最大射程 3000 米，平均速度 130 米／秒。导弹头部伸出的圆柱形探头，是为了提高战斗部的破甲威力。在控制与制导方面，将目视跟踪改为红外跟踪，手控操纵改为半自动操纵。这样，射手只要将光学瞄准具的"十"字线中心始终对准目标，控制指令即可通过红外测角仪和地面控制装置自动形成，从而大大减轻了射手的负担，并使命中概率达到 90％以上。

美国"陶"式反坦克导弹

美国研制的"陶"式反坦克导弹（图 162），是世界上第一种能自动追踪目标的反坦克导弹。在 20 世纪 50 年代第一代反坦克导弹的世界性研制的热潮中，美国军事界没有感受到反坦克导弹对装甲部队的冲击，也没有从第二次世界大战中"醒悟"过来。一直到 60 年代末，美军装备的反坦克导弹全是法国生产的，如 SS-10、SS-11 等型号，这与军事大国的地位是极不相称的。面对反坦克导弹对装甲兵的严峻挑战,美国人开始"清醒"了。60年代初,美国军方断然决定:越过性能较差的第一代,利用法国的最新研制成果,直接进行红外半自动制导反坦克导弹的研制,从而后来者居上,研制出了世界上最早能自动追踪目标的"陶"式反坦克导弹。

美国休斯飞机公司于1962年开始研制"陶"式反坦克(图163)导弹,

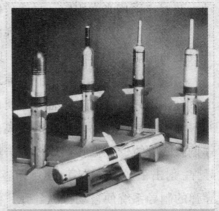

图162

1965年发射成功,1970年开始大量生产并装备部队。"陶"式反坦克导弹的综合性能在第二代反坦克导弹中处于领先地位,使美国一跃而成为研制反坦克导弹的先进国家。"陶"式反坦克导弹总共生产了约50万枚,装备了30多个国家的军队,成为世界上生产最多、使用最广泛的反坦克导弹。

图163

"陶"式反坦克导弹(图164)是一种车载式第二代重型反坦克导弹武器系统。它除用以攻击坦克、装甲车辆外,还可攻击碉堡、火炮阵地等硬目标。导弹弹长1640毫米,弹径148.3毫米,弹重18.47千克,武器系统全重102千克,有效射程65～3000米,机载最大射程3750米,最大飞行速度360米/秒。命中概率在500～3000米内接近100%,500米以内为90%;静破甲威力为600毫米,动破甲威力为65。法线角时200毫米;配用聚能破甲战斗部和全保险电容式机电引信,以两级固体火箭发动机作

图164

动力装置；采用光学跟踪、导线传输指令、三点法导引、红外半自动控制的制导方式。"陶"式反坦克导弹的发射筒可以和三脚架、各种车辆及直升机上的相应装置配套发射导弹，具有广泛的适应性。

"陶"式反坦克导弹的制导原理也很简单。射手把瞄准镜的十字线对准目标，制导系统的光学感测器便自动追踪导弹尾部释放出来的红外线，并自动测量导弹偏离瞄准线的距离，随即向制导计算机报告。计算机将导弹偏离瞄准线的数据转换成控制信号，并利用两股导线把控制信号传送至导弹。射击手操纵瞄准镜，使目标落在镜中十字线的焦点上，然后发射导弹，导弹的制导系统便自动操纵导弹，使其导弹和瞄准线保持重合。应付移动目标只需操作方位调整器追踪，使瞄准线始终对准目标，直到导弹命中为止。

美军在越南战争中，以色列军队在第四次中东战争中，都曾广泛使用过"陶"式反坦克导弹。不过，两军多使用机载式"陶"式反坦克导弹。尤其是以色列军队，战争初期，在北线兵力不足的情况下，为抗住叙利亚800辆坦克的凶猛攻击，直升机机载"陶"式反坦克导弹发挥了重要的作用。越南战争后期，美军AH-1式武装直升机机载"陶"式导弹攻击越军坦克，成功率在80%以上，取得了较好的战果。在1991年的海湾战争中，多国部队共发射了600多枚"陶"式导弹，击毁了伊拉克军队450多个装甲目标。

"陶"式反坦克导弹（图165）为美国在第二代反坦克导弹的研制领域奠定了领先的基础。在此之前，反坦克导弹的最小射程都在几百米左右，

图165

而"陶"式反坦克导弹不仅最大射程达到3000米，还将最小射程缩小到65米，扩大了导弹的有效作战范围。"陶"式导弹还率先实现了超声速飞行，破甲厚度达600毫米。为增强机动能力，美国休斯飞机公司将"陶"式导弹安装在车辆和直升机上，从此，车载和直升机机载方式成为第二代反坦克导弹的主流。

"陶"式反坦克导弹（图166）

有 A、C、D、E、F 等多种改进型：
BGM-71C 型于 1981 年装备部队，增
加了导弹长度，提高了破甲厚度（680
毫米）；目前广泛使用的 BFM-71E 型
（"陶"2）于 1983 年服役，导弹精
度和抗干扰能力有所提高，且能在夜
间或烟雾条件下发射，导弹破甲厚度
提高到 940 毫米；BFM-71E 型（"陶"2A）

图 166

于 1987 年装备部队，用于攻击坦克顶部装甲和反液压式装甲，其破甲厚
度达到 104 毫米；F 型（"陶"2B）1992 年底装备部队，现在正在发展"陶"
2C／2D／2N 和"陶"3 等型号。该型导弹推进器能量大，射程远；锁定
目标技术先进，命中精度高；机动性能强，既可攻击固定目标，又可用于
防空。除美国陆军、海军陆战队装备外，还出售给日本、韩国、新加坡、
泰国以及中国台湾省等国家和地区。

美国 "黄蜂" 反坦克导弹

图 167

"黄蜂"导弹（图 167）是美国
空军专门用来对付集群坦克的一种机
载武器，也是最早实现智能化的反坦
克导弹。就是说，这种导弹具有"自
我思维能力"，当导弹从发射管发射后，
每个导弹上的毫米波雷达和红外线跟
踪器便自动开始工作，使导弹不仅能
追踪辐射热的物体，而且配备的识别

装置和微处理器使它能区别开哪些是伪装物，哪些是坦克。特别是导弹上的计算机，使每个"黄蜂"导弹都能自己选择一个坦克跟踪，一旦被选择的坦克已被别的导弹跟踪或已被击毁，它还会机敏地飞向另一辆坦克，真正可以称得上是弹无虚发、发射后不用管的导弹。

那么，这种发射后不用管的导弹又是如何研制出来的呢？

1980年，美国宣布要增加国防预算，大力研制新型战略洲际导弹、飞机和坦克，用来对付未来战争中可能出现的集群坦克。由于当时北约国家在西欧的坦克数量比较少，如果用坦克来对付集群坦克，那就得生产足够数量的新型坦克，这需要很大一笔经费。以美国M-1型坦克（图168）来说，当时每辆造价达120万美元，几千辆这样的坦克就要几十亿美元。

图 168

为此，美国政府大动脑筋，最后设想，如果用导弹一对一地歼灭集群坦克，一定是合算的，所以就决定要研制一种名叫"黄蜂"的新型导弹，用来对付集群坦克在数量上的优势。他们还算了一笔账："黄蜂"导弹每枚造价只需2.5万美元，相当于M-1型坦克造价的1/48。将来打起仗来，用一枚"黄蜂"导弹去击毁一辆坦克显然是值得的。但问题又出现了，要想用一枚"黄蜂"导弹击毁一辆坦克，就得要求"黄蜂"导弹命中精度必须达到百发百中，为此，美国采用了现代高新技术，很快就研制成功了具

图 169

有智能的"黄蜂"导弹。

　　"黄蜂"导弹（图169）采用毫米波雷达和红外线跟踪器制导。毫米波雷达是一项新技术。一般的雷达使用的是厘米波，虽然厘米波可以透过云、雾、雨、雪探测目标，但需要用大型天线来提供导弹探测器所需的分辨率，而且易被敌方电子设备干扰和发现。毫米波雷达就不同了，它可以使用小型天线，这样就不易被发现，而且抗干扰的能力也较强。另外，在"黄蜂"导弹上还装备有识别装置和微处理器，使它能识别不同的目标，并能自动追踪目标，直到将目标击毁。

　　"黄蜂"导弹主要装备在美国F-16战斗机（图170）上，一次可携带2个发射吊舱。这种导弹既可单个发射，也可一次连续发射12枚，发射完毕，将吊舱抛掉。

图 170

法国 "崔格特" 反坦克导弹

　　这是法、德、英联合研制的第三代反坦克导弹，1995年装备部队。它有中程和远程两种型号，中程型为便携式导弹，远程型为多用途导弹。后者兼有地地、地空、空地和空空四种作战能力，是世界上最复杂、最先进的反坦克导弹。它是一种红外波束制导的反坦克导弹，可缩短导弹飞行时间，使射手暴露的时间大大减少，还可提高命中概率。

图 171

　　"崔格特"导弹的攻击目标为现代新型的主战坦克（如俄罗斯T-80坦克等）与重型装甲车辆，也可用于对付固定防御阵地。此外，它还具有一定的防空能力，如可以对付战场上空出现的类似俄罗斯米格-24"雌鹿"D的直升机（图171）。它的单发命中概率大于90%～95%，破甲能力较强，能攻击复合装甲、主动装甲等新型装甲。

　　中程型"崔格特"导弹采用地面便携式发射方式，可装在三角架上发射，也可装在各种履带式或轮式车辆上发射。其射程为2000米，初速度约为20米／秒，最大速度约为300米／秒。弹长1000毫米，弹径100毫米，翼展为180毫米左右，弹重11千克。战斗部系空心装药，动力装置为两台固体燃料发动机，由激光束制导。它可以攻击坦克前装甲或顶装甲，并能在狭小的空间发射。

　　远程型"崔格特"导弹（图172）的主要特点是具有"发射后不用管"的能力，其制导系统采用红外热成像自动寻的技术，利用电荷耦合器件线路和红外镶嵌阵列探测器，自动导引头工作波长为 10 ～ 12 微米。热成像瞄准具既可装在地面发射车上，也可装在攻击直升机上。战斗部采用串联式空心装药战斗部，攻击坦克顶部装甲。一部发射装置可连续发射几枚导弹，能对多个目标进行攻击，导弹具有俯冲攻击的能力。

图 172

该导弹主要供地面车辆和攻击直升机使用。各国可根据自己的情况而选用不同的载车。

远程型"崔格特"导弹还可机载，特别是计划用于法国和德国研制的攻击直升机上。一架"山猫"直升机（图 173）或近程攻击直升机至少可携带 8 枚导弹。

图 173

在作战中，使用远程型"崔格特"导弹，射手在发射前可预先按次序选准 4 个目标，并用 4 枚导弹，在几乎同一时刻实施攻击。

在攻击主战坦克和装甲车辆时，从地面车辆或直升机上发射"崔格特"，均以大约 10° 的仰角向上飞行，然后在 80 米左右的高度上平飞；当接近目标时，导弹则以 20° ～ 30° 的俯冲角下落，直至从顶部攻击目标。

"崔格特"导弹的全部研制计划耗资 13.7 亿美元。其中，3.68 亿美元将用于中程型"崔格特"武器系统，另外 9.84 亿美元将用于远程型"崔格特"导弹武器系统。

瑞典"比尔"反坦克导弹

"比尔"导弹（图174）是瑞典研制的第二代轻型反坦克导弹，既可以打击地面装甲目标，也能攻击直升机。它还是世界上最早装备部队的攻顶式反坦克导弹。

1979年7月，瑞典国防部为了对付复合装甲防护的坦克，与该国博福

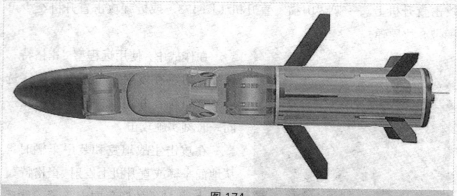

图174

斯公司的军械部签订了研制"比尔"反坦克导弹武器系统的合同。其要求是：能全天候从任何方向上毁伤各种现役的或即将服役的装甲车辆；价格低廉，可大量装备部队；便于携带和操作，要有单兵携带和车载两种形式；最大射程2000米，总重不大于25千克。当时博福斯公司认为现有各型导弹不能有效地对付复合装甲防护的坦克，提出了由顶部攻击的新设想。按照瑞典国防部的要求，博福斯公司于1980年开始研制，1985年正式投产，1986年开始服役。

"比尔"导弹（图175）采用光学瞄准与跟踪、三点法导引、红外半自动指令制导，主要装备陆军步兵分队。该导弹的与众不同之处主要体现

图 175

在战斗部。战斗部内的锥形装药中心轴始终保持向下倾斜 30°；另一个不同点在于，导弹发射后进入制导状态，导弹始终在瞄准线上方 1 米处飞行。因而，当导弹飞临目标时，其近炸引信就会引爆战斗部，对坦克顶部装甲进行攻击；如果瞄准线较低，导弹撞在目标上，触发引信则会引爆战斗部，产生的聚能金属射流以接近 90° 的角度侵彻装甲。因此，"比尔"导弹比一般反坦克导弹对坦克更具有威胁性。

"比尔"导弹的有效射程为 150 ~ 2000 米；最大速度 260 米／秒，平均速度 200 米／秒；弹长 900 毫米，弹径 150 毫米，弹重 18 千克（含储存筒和防护罩）；配用聚能破甲战斗部及触发、近炸引信；筒式发射，命中率 95%，破甲厚度 286 毫米。

俄罗斯"短号"反坦克导弹

"短号"导弹（图 176）是俄罗斯第三代反坦克导弹武器系统之一，也是世界上第一种多用途反坦克导弹。它除了用于反坦克外，还能摧毁轻型装甲车、土木工程和有生目标等。其抗干扰能力强，可全天候使用。它真正实现了自动化射击，能同时攻击 2 个或多个目标，可在地面上发射或搭载在越野车、装甲车和坦克上使用，也可在有限的空间如楼房或建筑物内进行射击。

图 176

"短号"导弹的射程：白天为100 ~ 5500米，夜间为100 ~ 3500米。弹体直径152毫米，筒装导弹长度为1210毫米，射击速度为2 ~ 3枚/分。

战斗部分为两种：当攻击坦克，特别是披挂反应装甲的新型主战坦克时，使用双级串联聚能破甲战斗部，第一级装药用于击穿或引爆反应装甲，第二级装药用来击穿坦克的基本装甲，破甲厚度可达1000 ~ 1200毫米；当攻击有轻型装甲防护的目标（如步兵战车、装甲运兵车）、一般的野战防御工事以及轻型快艇、小型舰艇和其他浮动目标时，可使用燃料空气炸药战斗部。

"短号"导弹（图177）的制导方式为激光驾束和半主动直瞄制导。射手利用瞄准镜或热成像仪瞄准目标，同时激光照射器发出的激光波束也照射目标，导弹发射后就进入到激光照射器发出的激光波束中。此后，由导弹自主"感觉"到自身所处激光束中的位置，不断产生修正指令，使导弹沿激光波束轴线飞行，直至命中目标。

图 177

这种制导方式与有线指令制导相比，由于不受导线的限制，增大了射程，而且具有很强的抗干扰能力。

其火控系统采用双通道目标跟踪装置，从而将射击效率提高了一倍。如果与"信条"型雷达配合使用，还可大大缩短发现目标的时间。

"短号"导弹（图178）除了具有多用途的优势外，它的另外一个优势在于便携性。"短号"导弹 –MR 和"短号"–LR 导弹的配置基本相同，主要由制导设备、目标跟踪装置、热成像瞄准具和筒装导弹组成。它们各部分的尺寸、质量等都很适合士兵使用，并且操作简便。例如"短号"–MR

导弹可分解成两部分，由战勤组中的两名士兵携带。其中一部分为发射装置与热成像瞄准具，另一部分为2枚筒装导弹，这使其能在难以通行的作战区域内使用。2枚"短号"-MR筒装导弹的质量不超过28千克。

　　"短号"导弹的离筒速度较低，在居民点进行作战时，它能够从建筑物和空间有限的地方进行发射。此外，"短号"-MR导弹和"短号"-LR导

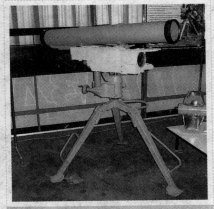

图 178

弹的发射装置和弹药具有通用性，用户可以自由地选择组合，这使得该导弹系统更具竞争力。

中国 J–201 "红箭"–73 反坦克导弹

　　J–201（图179）是我国自行研制的第一种反坦克导弹武器系统，它和"红箭"–73都属于第一代反坦克导弹。

　　J–201反坦克导弹在使用时，射手需要使用光学瞄准镜（或目视）观察目标。当目标出现在攻击区域时，射手发射导弹，然后借助光学瞄准镜继续观察目标和导弹，并判定导弹偏离瞄准线的偏差量，手动操纵控制手柄，发出修正控制指令，经导线将指令传给导弹，控制弹上的空气扰流片产生控制力，修正导弹的飞行路线，使导弹沿瞄准线飞行，直至命中目标。

　　该导弹全长0.92米，全弹重9.2千克，射程为400～2000米，动破甲厚度为120毫米／65°，飞行速度为85米／秒。J–201反坦克武器系统抗干扰性好，可隐蔽发射，结构简单轻便，适合单兵使用。

长着眼睛的导弹

图 179

　　该导弹起飞发动机喷管下倾，与导弹的纵轴成一固定夹角，发射时使导弹跃起，因而可不用发射架发射，而直接靠导弹主"X"配置的弹翼下缘支撑地面。

　　"红箭"–73（图180）反坦克导弹也属于第一代反坦克武器系统，其制导方式也是采用目视瞄准、跟踪、导线传输指令、手控制导。这种导弹的射程为 500 ~ 3000 米。导弹全重11.3 千克，弹长 0.864 米，飞行速度120 米／秒，命中率70％。该导弹的抗干扰性能好，射程远，结构简单，造价低廉，便于隐蔽，适合单兵使用。

图 180

中国"红箭"–8反坦克导弹

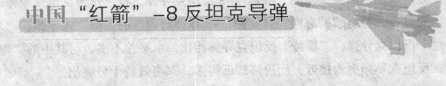

"红箭"–8导弹（图181）武器系统是我国自行研制的第一种管式发射反坦克导弹，属于第二代反坦克武器，由中国北方工业公司研制。这种

导弹是一种可供发射组在短距离使用的便携式武器系统。它采用光学瞄准跟踪、导线传输指令和红外半自动制导，是一种管式发射的便携式反坦克导弹系统。

图181

该导弹主要是为步兵设计的，可以跪姿发射，也可以装载轮式或履带式车上发射。用它可以对付

100～3000米距离内的敌方坦克和其他装甲目标，还可用于摧毁敌火力点与战场防御的硬目标（如野战工事）。

1987年在巴黎航空展览会上，"红箭"–8反坦克导弹首次亮相，引起各国军事界的极大关注。此后，多次赴国外进行射击表演，从灌木丛生的南美洲到风沙弥漫的中东；从高温多雨的南亚到赤日炎炎的非洲，每次都有十分出色的表现。

图182

1988年，在南亚某国，"红箭"–8反坦克导弹与"米兰"导弹进行了对比飞行射击试验,结果表明,"红箭"–8导弹的性能优于"米兰"导弹，它的威力大、射程远、精度高。

147

"红箭"–8反坦克导弹（图182）开始走向了世界。自1988年以来，这种导弹已经销售到一些友好国家，经历了实际使用考验，得到了购买国军方的普遍赞赏，他们评价"红箭"–8导弹的作战效能好，性能好，可靠性好。某国已购买大量的"红箭"–8反坦克导弹，将它作为反坦克导弹的主要装备，并有续购意向。"红箭"–8导弹与国外的"陶"式导弹、"米兰"反坦克导弹、"霍特"反坦克导弹相比，水平差不多，与其中的"陶"式反坦克导弹更为接近，而价格却低得多，军事效益十分突出。

"红箭"–8导弹的有效射程为100～3000米，最小射程为100米。平均飞行速度为200～240米/秒。弹长0.875米，弹径0.12米，战斗部全重3.1千克，动破甲厚度为180毫米/68°，射速为2～3发/分，发射装置重24千克，三角架重23千克。弹重11.2千克，破甲厚度800毫米，命中概率为90％。

图183

目前，科研人员已对"红箭"–8（图183）作进一步的改进：采用串联式聚能战斗部以提高破甲威力，对付反应式装甲；改进动力装置，将射程由3000米增加到4000米；使控制系统数字化，提高测试、制导精度和抗干扰能力；增加热成像观瞄仪，提高夜间和低能见度气象条件下的反坦克能力；使其适合各种发射平台，可以用三角架、吉普车、轮式或履带装甲车、直升机作发射平台；使之具有良好的机动能力，适合各种部队反坦克作战的需要。

该导弹具有破甲威力较大、命中率高、机动性强、操作简便等特点。它装备了第一和第二两级维护设备与训练模拟器，使用、维护和训练都很方便。